Lecture Notes in Mathematics

Edited by A. Dold and B. Eckmann

588

Pierre Molino

Théorie des G-Structures: Le Problème d'Equivalence

Notes rédigées avec la collaboration de F. Toupine

Springer-Verlag
Berlin · Heidelberg · New York 1977

Author
Pierre Molino
Institut de Mathématiques
Université du Languedoc
34060 Montpellier Cedex, France

Library of Congress Cataloging in Publication Data

Molino, Pierre, 1935-
Théorie des G-structures.

(Lecture notes in mathematics ; 588)
Bibliography: p.
1. G-structures. 2. Pseudogroups.
3. Differential equations, Partial. I. Toupine, F., joint author. II. Title. III. Series: Lecture notes in mathematics (Berlin) ; 588.
QA3.L28 no. 588 [QA649] 510'.8s [516'.362]
77-7228

AMS Subject Classifications (1970): 53C10, 58A15, 58H05, 35N10

ISBN 3-540-08246-8 Springer-Verlag Berlin · Heidelberg · New York
ISBN 0-387-08246-8 Springer-Verlag New York · Heidelberg · Berlin

Printed in Germany

Printing and binding: Beltz Offsetdruck, Hemsbach/Bergstr.
2141/3140-543210

Ce volume a été soumis aux éditeurs des Lecture Notes in Mathematics en décembre 1975. A la suite de certaines critiques relatives à la démonstration d'énoncés principaux la publication a été retardée. Les éditeurs remercient M. Antonio Kumpera d'avoir soigneusement examiné le texte et écarté les critiques. Le volume n'a pas subi de modificatio et paraît sous sa forme originale.

TABLE DES MATIERES

3ème Partie

INTRODUCTION

Les structures considérées ici sont différentiables de classe C^∞. Considérons sur une variété différentiable V_o une structure différentiable $\mathcal{S}_o$ (en un sens très général : champ de tenseurs, système homogène d'équations aux dérivées partielles linéaires, etc...). On dira que la structure $\mathcal{S}_o$ est homogène si quelsquesoient x_o et y_o dans V_o il existe un difféomorphisme local φ de V_o respectant $\mathcal{S}_o$ et tel que $\varphi(x_o) = y_o$. L'ensemble de ces difféomorphismes locaux constitue le pseudogroupe Γ_o des automorphismes de $\mathcal{S}_o$.

Soit maintenant sur une variété V de même dimension que V_o une structure différentiable $\mathcal{S}$ de même type que la structure homogène $\mathcal{S}_o$ (qui joue le rôle de "modele"). On dira que $\mathcal{S}$ est localement équivalente à $\mathcal{S}_o$ si pour tout $x \in V$ il existe un difféomorphisme local de V dans V_o dont le domaine contient x et qui transporte $\mathcal{S}$ sur $\mathcal{S}_o$. Le problème qui nous intéresse est le suivant : trouver à quelles conditions une structure du type considéré est localement équivalente au modèle. En d'autres termes, on cherche une caractérisation intrinsèque des structures différentiables (d'un type donné) qui admettent la même présentation locale qu'un modèle homogène donné.

Pour aborder ce problème il est naturel, suivant en cela les idées originales d'ELIE CARTAN, de faire intervenir les développements limités ("variables auxiliaires") : supposons que pour tout x dans V il existe un difféomorphisme local ψ de V dans V_o dont le domaine contient x et tel que, au point $\psi(x)$, la structure transportée par ψ ait même développement limité à l'ordre k que la structure modèle. On dira alors que $\mathcal{S}$ est équivalente à l'ordre k à $\mathcal{S}_o$. Si cette condition est vérifiée pour tout k $\mathcal{S}$ sera dite formellement équivalente à $\mathcal{S}_o$. Il est clair que l'équivalence locale entraîne l'équivalence formelle.

Le problème initial se décompose maintenant en deux :

(i) caractériser l'équivalence formelle

(ii) chercher dans quel cas l'équivalence formelle entraîne l'équivalence locale.

Le premier problème est, du point de vue théorique, élémentaire ; il s'agit pour tout k de vérifier point par point que le développement limité d'ordre k de $\mathcal{S}$ est (algébriquement) équivalent au "modèle algébrique d'ordre k" constitué par le développement limité au même ordre de $\mathcal{S}_o$ en un point de V_o choisi une fois pour toutes.

Reste le second problème qui s'énonce donc : $\mathcal{S}$ étant formellement équivalente à $\mathcal{S}_o$, est-elle localement équivalente à ce modèle ? C'est ce problème qu'on appelle en général "problème d'équivalence (locale) pour $\mathcal{S}_o$". Si la réponse est affirmative on dit que le théorème général d'équivalence est vrai pour $\mathcal{S}_o$. Il est important de remarquer qu'il existe des modèles homogènes pour lesquels la réponse à la question précédente est négative (voir [16]c et [32]c).

Le présent exposé n'a pas la prétention de faire le point sur l'ensemble des résultats obtenus dans le problème d'équivalence. En particulier on n'aborde pas ici le cas des structures homogènes "de type elliptique" pour lesquelles un théorème général d'équivalence a été démontré par B. MALGRANGE (voir [30]c).

Notre but est d'une part de présenter en détail un certain nombre de techniques utiles dans ce domaine, d'autre part de traiter complètement le cas suivant : V_o est l'espace $\mathbb{R}^n$ et le pseudogroupe Γ_o des automorphismes de $\mathcal{S}_o$ contient les translations. Nous dirons alors que $\mathcal{S}_o$ est plate. Le principal résultat démontré (THEOREME I) est le théorème général d'équivalence pour les structures plates.

A partir de ce théorème on obtient au prix d'une légère généralisation la conséquence suivante : soit $E \to V$ un fibré vectoriel. Etant donné sur

E un système R d'équations aux dérivées partielles linéaires, on dira que R est <u>localement à coefficients constants</u> s'il existe au voisinage de chaque point de V une trivialisation locale de E et des coordonnées locales de V tels que R puisse être défini, relativement à ces données, par des équations à coefficients constants. Le résultat obtenu (THEOREME II) peut alors s'énoncer : si R est formellement à coefficients constants, il est localement à coefficients constants. Autrement dit on obtient une <u>caractérisation intrinsèque</u> (formelle) <u>des systèmes d'équations aux dérivées partielles linéaires qui sont localement à coefficients constants</u>.

L'intérêt de ce résultat tient aux propriétés d'intégrabilité locale des systèmes à coefficients constants avec seconds membres de classe C^{∞} : c'est le théorème d'EHRENPREIS-MALGRANGE, voir [30]a. Il est d'ailleurs remarquable de constater que ce théorème joue un rôle essentiel dans la démonstration du théorème I.

La rédaction présentée ici est aussi complète et élémentaire que possible. On ne suppose connus que les outils de base de la géométrie différentielle (variétés, groupes de LIE) et les résultats classiques d'algèbre ou de géométrie appartenant au bagage usuel d'un étudiant de 3ème cycle de mathématiques. Les notions fondamentales utilisées (G-structures, structures infinitésimales d'ordre supérieur, pseudogroupes de LIE transitifs) sont définies en détail. De même les démonstrations sont faites in extenso. Trois résultats seulement sont utilisés sans preuve :

[NN] Théorème de NEWLANDER-NIREMBERG sur l'intégrabilité des structures presque complexes sans torsion (voir [30]b pour une démonstration élégante).

[CSS] Classification de CARTAN pour les algèbres formelles irréductibles de type infini, dans la version de SINGER-STERNBERG (voir [41]).

[EM] Théorème d'EHRENPREIS-MALGRANGE déjà cité.

Les résultats de V. GUILLEMIN sur les idéaux non abéliens minimaux de l'algèbre formelle d'un pseudogroupe de LIE sont démontrés ici directement sous la forme simplifiée où ils interviennent. On en trouvera dans [14]b la version la plus générale.

Le théorème I est un peu plus général que le théorème général d'équivalence pour les pseudogroupes de LIE plats transitifs démontré de façon indépendante par BUTTIN-MOLINO dans [6] et par A.POLLACK dans [39]. Ce dernier résultat correspond en effet au cas particulier des structures que nous appelons ici plates graduées. Dans un travail récent (voir [13]) GOLDSCHMIDT-SPENCER ont donné une autre démonstration du Théorème I en partant d'un point de vue différent.

Voici un bref résumé des différents chapitres :

Dans la première partie on introduit la plupart des notions utilisées : au chapitre I on rappelle la théorie des jets de C. EHRESMANN, version moderne de la théorie des variables auxiliaires d'Elie CARTAN. Les chapitres II et III constituent une introduction élémentaire à la théorie des G-structures et des structures infinitésimales d'ordre supérieur. On met l'accent sur le point de vue du contact d'ordre supérieur entre structures et sur l'utilisation des formes fondamentales. Le chapitre IV est consacré aux pseudogroupes de LIE transitifs et aux Γ-structures. On s'est efforcé de donner un exposé aussi économique que possible en s'inspirant de GUILLEMIN-STERNBERG (voir [16]a et [16]b), SINGER-STERNBERG (voir [41]), D. SPENCER (voir [42]b) et P. LIBERMANN (voir [27]b).

La seconde partie est consacrée au problème général d'équivalence : notion de presque-structure (chapitre V), techniques générales et résultats classiques.

Si les méthodes de prolongement (chapitre VI) et de passage au quotient (chapitre VII) sont bien connues dans leur principe, la méthode de réduction à une structure subordonnée exposée au chapitre VIII semble plus nouvelle, au moins sous forme explicite. Une fois résolu le problème d'équivalence pour une structure quotient il s'agit de "relever" ce résultat en ramenant le problème initial au problème d'équivalence relatif à une structure subordonnée. Le LEMME de REDUCTION qui constitue l'outil de ce relèvement a déjà été énoncé dans [32]b. Il sera utilisé systématiquement dans la démonstration du théorème I.

La dernière partie rassemble les résultats concernant les structures plates, dont les propriétés générales sont indiquées au chapitre IX. La démonstration du théorème I, qui occupe les chapitres X et XI, est faite en suivant la méthode de BUTTIN-MOLINO dans [6]. L'utilisation d'une récurrence sur la dimension des variétés et celle du LEMME de REDUCTION (implicite dans la version originale) semblent simplifier au maximum la preuve. Le dernier chapitre fournit quelques généralisations dont un LEMME de PLATITUDE RELATIVE déjà signalé dans [32]b et les applications à la caractérisation des systèmes d'équations aux dérivées partielles linéaires qui sont localement à coefficients constants (théorème II).

Dans la bibliographie on a mentionné, outre les références indispensables, un certain nombre d'articles ayant joué un rôle dans l'histoire du problème d'équivalence. Liste tout à fait incomplète, le lecteur voudra bien s'en souvenir et l'excuser.

Ces notes ont été rédigées à partir d'un cours de 3ème cycle enseigné à l'Université de Montpellier pendant l'année 1974-1975. Je remercie F. TOUPINE pour sa collaboration patiente et amicale dans la rédaction de ces notes. Je remercie également Madame MORI qui a dactylographié avec soin ce travail.

1ère Partie

CHAPITRE I THEORIE DES JETS

I.1. ESPACES DE JETS

I.1.1. Dans tout ce qui suit les structures différentiables et les applications sont de classe C^∞. Les variétés différentiables sont à base dénombrable d'ouverts.

Soient V et W deux variétés différentiables de dimensions respectives n et m, φ et φ^1 deux applications différentiables locales de V dans W définies au voisinage du point x. On dit que φ et φ^1 ont même jet d'ordre k en x si $\varphi(x) = \varphi^1(x)$ et si, en coordonnées locales, les deux applications ont même développement limité d'ordre k au point considéré. Cette propriété est indépendante des coordonnées locales utilisées. La classe d'équivalence $j_x^k \varphi$ de φ pour cette relation est dite k-jet de φ en x. x est la source et $\varphi(x)$ le but de ce k-jet.

Notons $J^k(V,W)$ l'ensemble de tous les k-jets d'applications de V dans W. On définit des cartes locales sur cet ensemble de la façon suivante : soient $(x^1,\ldots,x^n)$ des coordonnées locales dans un ouvert U de V et $(y^1,\ldots,y^m)$ des coordonnées locales dans un ouvert U' de W. Tout k-jet $\varphi^k = j_x^k\varphi$ de source dans U et de but dans U' est défini par un système de nombres :

$$(x^i, y^j, y^j_{i_1}, \ldots, y^j_{i_1\ldots i_k})$$

où j prend les valeurs $1,\ldots,m$ et $i,i_1,\ldots,i_k$ les valeurs $1,\ldots,n$.

Les x^i sont les coordonnées de la source, les y^j celles du but et $y^j_{i_1\ldots i_p}$ est la valeur en x de la dérivée $\dfrac{\partial^p \varphi^j}{\partial x^{i_1}\ldots\partial x^{i_p}}$ de la $j^{\text{ème}}$ coordonnée du point image par rapport aux coordonnées dans U.

Les coefficients $y^j_{i_1 \dots i_p}$ sont donc astreints à la condition de symétrie par rapport aux indices inférieurs.

L'ensemble des cartes ainsi définies contitue un atlas différentiable sur $J^k(V,W)$. Muni de la structure de variété différentiable correspondante, $J^k(V,W)$ est appelé <u>espace des k-jets de V dans W</u>.

<u>I.1.2 Soient</u> $\varphi^k = j^k_x\varphi \in J^k(V,W)$ et $\psi^k = j^k_y \psi \in J^k(W,M)$. Supposons que la source y de ψ^k coïncide avec le but $\varphi(x)$ de φ^k. On pourra alors composer (localement) φ et ψ et poser :

$$\psi^k \circ \varphi^k = j^k_x(\psi \circ \varphi)$$

On vérifie que ce k-jet obtenu par composition ne dépend pas des représentants choisis φ et ψ mais seulement de φ^k et ψ^k.

La propriété pour φ d'être inversible au voisinage de x ne dépend que du k-jet φ^k. En coordonnées locales, avec les notations introduites ci-dessus, cela se traduit par :

$$n = m \qquad \text{et} \quad \det(y^j_{i_1}) \neq 0$$

On dira alors que φ^k est un <u>k-jet inversible</u> et on notera $\overset{-1}{\varphi}{}^k$ le k-jet en $\varphi(x)$ de $\overset{-1}{\varphi}$. Ce k-jet inverse est caractérisé par le fait que $\overset{-1}{\varphi}{}^k \circ \varphi^k$ est le k-jet en x de l'identité.

<u>I.1.3 Soit $\pi : E \to V$</u> une fibration vectorielle différentiable. Une section (locale) différentiable de E sera une application différentiable (locale) $s : V \to E$ telle que $\pi \circ s$ est l'identité. Les k-jets de sections de E se définiront donc comme des k-jets d'applications différentiables. On vérifie que l'ensemble J^kE de ces k-jets est muni d'une structure naturelle de fibré vectoriel différentiable sur V. On notera J^k_xE la fibre en x de ce fibré.

<u>Un système homogène d'équations aux dérivées partielles linéaires</u> d'ordre k sur E sera défini par un sous-fibré R^k de J^kE. Une

solution locale de ce système sera une section locale de E dont le k-jet en chaque point appartient à R^k.

Plus généralement, si $\pi : E \to V$ est une fibration différentiable de fibre-type F et de groupe structural G (voir [28]a), on définira de même le fibré différentiable J^kE des k-jets de sections de E. Un système homogène d'équations aux dérivées partielles (non linéaires) d'ordre k sur E sera défini par un sous-fibré de J^kE. On définit comme dans le cas linéaire la notion de solution locale.

I.1.4. Soient $T(V)$ le fibré tangent de V et $J^kT(V)$ le fibré des k-jets de champs de vecteurs de V. Si $(x^1,\dots,x^n)$ est un système de coordonnées locales au voisinage du point x, un champ de vecteurs différentiable X s'écrira en coordonnées locales sous la forme :

$$X = \sum_{j=1}^{n} X^j(x^1,\dots,x^n)\frac{\partial}{\partial x^j}$$

Le k-jet de ce champ en x sera défini par les coordonnées de x et les dérivées partielles jusqu'à l'ordre k en x des fonctions X^j. Donc $j^k_x X$ sera défini par un système de nombres réels :

$$(x^j, \xi^j, \xi^j_{i_1}, \dots, \xi^j_{i_1 \dots i_k})$$

où $j, i_1, \dots, i_k$ prennent les valeurs $1,\dots,n$ et où les coefficients sont astreints à la condition de symétrie par rapport aux indices inférieurs.

Soit φ un difféomorphisme local de V dans W défini au voisinage du point x. En coordonnées locales φ est déterminé par les coordonnées $\varphi^j(x^1,\dots,x^n)$ du point image en fonction des coordonnées locales de V. Les composantes (dans le repère naturel de coordonnées de W) du champ image $\varphi'(X)$ sont les fonctions :

$$Y^j = \sum_{s=1}^{n} \frac{\partial\varphi^j}{\partial x^s} X^s$$

Si $(x^i, y^j, y^j_{i_1}, \ldots, y^j_{i_1 \ldots i_{k+1}})$ représente alors en coordonnées locales, avec les notations de I.1.1, le $(k+1)$-jet de φ en x, on voit que $j^k_{\varphi(x)}\ \varphi'(X)$ sera défini par le système de nombres :

$$(y^j, \sum_s y^j_s \xi^s, \sum_s y^j_{si_1} \xi^s + \sum_s y^j_s \xi^s_{i_1}, \ldots, \sum_s y^j_{si_1 \ldots i_k} \xi^s + \ldots + \sum_s y^j_s\ \xi^s_{i_1 \ldots i_k})$$

obtenu en appliquant les règles de dérivation des produits de fonctions.

Sous cette forme il est clair que $j^{k+1}_x\ \varphi$ détermine un isomorphisme linéaire :

$$(1) \quad j^{k+1}_x \varphi : J^k_x T(V) \xrightarrow{\sim} J^k_{\varphi(x)} T(W)$$

et que de plus $j^{k+1}_x\ \varphi$ est <u>entièrement défini</u> par cet isomorphisme auquel on pourra désormais l'identifier.

I.2. FIBRES DE REPERES

<u>I.2.1. On notera</u> $GL_{n,k}$ l'ensemble des k-jets inversibles de source et but 0 dans $\mathbb{R}^n$. Dans les coordonnées canoniques, un point Y^k de $GL_{n,k}$ sera défini par un système de nombres :

$$(Y^j_{i_1}, Y^j_{i_1 i_2}, \ldots, Y^j_{i_1 \ldots i_k}) \quad \text{avec} \quad \det(Y^j_{i_1}) \neq 0$$

où les coefficients sont astreints à la (seule) condition de symétrie par rapport aux indices inférieurs.

La composition des jets définit sur $GL_{n,k}$ une structure de groupe de LIE. Les projections naturelles :

$$GL_{n,k} \to GL_{n,k-1} \to \ldots \to GL_{n,1} = GL(n,\mathbb{R})$$

sont des morphismes de groupes de LIE. Le noyau $GL^{(k-1)}_n$ de la projection de $GL_{n,k}$ sur $GL_{n,k-1}$ est un sous-groupe abélien vectoriel de $GL_{n,k}$.

Soit maintenant $\mathbb{R}^n_k$ l'espace vectoriel des k-jets à l'origine de champs de vecteurs de $\mathbb{R}^n$. Ces k-jets sont représentés par des systèmes de nombres réels :

$$\xi^k = (\xi^j, \xi^j_{i_1}, \ldots, \xi^j_{i_1 \ldots i_k})$$

où les coefficients sont astreints à la seule condition de symétrie par rapport aux indices inférieurs.

D'après ce qu'on a vu au paragraphe précédent, si $\gamma^k \in GL_{n,k}$, γ^k détermine un automorphisme linéaire de $\mathbb{R}^n_{k-1}$ qui le définit. On obtient ainsi une inclusion :

(2) $\quad GL_{n,k} \subset GL(\mathbb{R}^n_{k-1})$

qui permet de considérer $GL_{n,k}$ comme un sous-groupe de LIE de $GL(\mathbb{R}^n_{k-1})$.

Si $\gamma^k \in GL_{n,k}$ et $\xi^{k-1} \in \mathbb{R}^n_{k-1}$, les coefficients de $\gamma^k.\xi^{k-1}$ seront linéaires par rapport à ceux de γ^k et linéaires par rapport à ceux de ξ^{k-1}, comme il résulte du calcul explicite indiqué en I.1.4.

I.2.2. Pour comparer une variété différentiable V à une variété modèle M de même dimension n il est naturel de considérer les jets inversibles de M dans V ayant pour source un point O_M fixé une fois pour toutes dans le modèle. Dans la suite on utilisera en particulier comme modèle $\mathbb{R}^n$ avec $O_M = 0$, mais on peut généraliser sans peine au cas d'un modèle arbitraire.

Un k-repère en un point x de V sera un k-jet inversible de $\mathbb{R}^n$ dans V de source 0 et de but x. Soit $B^k(V)$ l'ensemble de ces k-repères. La projection sur le but définit une application :

$$p^k : B^k(V) \to V$$

Si dans l'ouvert U de V on a un système de coordonnées locales $(x^1, \ldots, x^n)$, un point z^k de $B^k(V)$ au dessus de U sera défini par un système de nombres :

$$(x^j, x^j_{i_1}, \ldots, x^j_{i_1 \ldots i_k}) \quad \text{avec} \quad \det(x^j_{i_1}) \neq 0$$

où chaque coefficient est symétrique par rapport aux indices inférieurs. $p^k(z^k)$ est le point de coordonnées (x^j).

On obtient ainsi une carte locale sur $B^k(V)$ de domaine $(p^k)^{-1}(U)$ à valeurs dans $B^k(\mathbb{R}^n) = \mathbb{R}^n \times GL_{n,k}$. L'ensemble de ces cartes définit sur $B^k(V)$ une structure de fibré principal différentiable de groupe structural $GL_{n,k}$ et de base V. L'action à droite du groupe structural coïncide avec la composition des jets :

$$(3) \qquad R_{\gamma^k}(z^k) = z^k \circ \gamma^k$$

D'après (1), si $z^k \in B^k(V)$ se projette en x sur V, z^k définit un isomorphisme linéaire :

$$(4) \qquad z^k : \mathbb{R}^n_{k-1} \xrightarrow{\sim} J^{k-1}_x T(V)$$

qui le caractérise.

On pourra donc considérer tout k-repère en x comme un repère linéaire de $J^{k-1}_x T(V)$ et <u>$B^k(V)$ comme un fibré de repères linéaires de $J^{k-1}T(V)$</u>. En particulier $B^1(V)$ est le $GL(n,\mathbb{R})$-fibré principal des repères de $T(V)$.

En coordonnées locales, avec les notations précédentes, on peut considérer au dessus du point x de coordonnées (x^j) le point de $B^k(V)$ de coordonnées $(x^j, \delta^j_{i_1}, 0, \ldots, 0)$ qui sera dit <u>k-repère naturel de coordonnées locales</u> en x. C'est le k-jet à l'origine du difféomorphisme qui au point de $\mathbb{R}^n$ de coordonnées (u^i) fait correspondre le point de coordonnées (x^j+u^j) dans la carte considérée.

On notera enfin que les projections naturelles :

$$B^k(V) \to B^{k-1}(V) \to \ldots \to B^1(V)$$

sont des morphismes de fibrés principaux.

I.2.3 Si φ est un difféomorphisme local de V dans W, la composition des jets définit un morphisme local de fibrés principaux $B^k(\varphi)$ de $B^k(V)$ dans $B^k(W)$ par la formule :

(5) $B^k(\varphi)(z^k) = j^k_x\varphi \circ z^k$ où $x = p^k(z^k)$

En particulier, les difféomorphismes locaux de V dans elle-même se relèvent dans $B^k(V)$ en morphismes locaux de fibré principal.

L'associativité de la composition des applications entraine :

(6) $B^k(\varphi \circ \psi) = B^k(\varphi) \circ B^k(\psi)$

Si X est un champ de vecteurs différentiable (local) sur V, φ_t le groupe local à un paramètre associé (voir [19]), $B^k(\varphi_k)$ sera un groupe local à un paramètre d'automorphismes du fibré principal $B^k(V)$.
La transformation infinitésimale associée sera donc un champ de vecteurs (local) $B^k(X)$ invariant par les translations à droite et se projetant sur V suivant X. En coordonnées locales, si $X = \sum_{j=1}^{n} X^j \frac{\partial}{\partial x^j}$, les coordonnées $\varphi^j_t(x)$ de $\varphi_t(x)$ seront des fonctions différentiables de t et des coordonnées (x^i) de x avec :

$$\frac{\partial\varphi^j_t}{\partial t}\Big|_{t=0} = X^j$$

Si $z^k(x)$ est le k-repère naturel de coordonnées locales en x, soit $z^k(x) = j^k_o\psi$, on aura :

$$B^k(\varphi_t)(z^k) = j^k_o(\varphi_t \circ \psi)$$

$\varphi_t \circ \psi$ est le difféomorphisme local qui au point (u^i) de $\mathbb{R}^n$ fait correspondre le point de V de coordonnées $\varphi^j_t(x^1+u^1,\ldots,x^n+u^n)$. D'où les coordonnées de $B^k(\varphi_t)(z^k)$ dans la carte correspondante de $B^k(V)$:

$$(\varphi^j_t(x),\ldots,\frac{\partial^k\varphi^j_t}{\partial x^{i_1}\ldots\partial x^{i_k}}(x))$$

et par suite les composantes de $B^k(X)$ dans la même carte au point $z^k(x)$:

$$\left(X^j(x), \frac{\partial X^j}{\partial x^{i_1}}(x), \dots, \frac{\partial^k X^j}{\partial x^{i_1} \dots \partial x^{i_k}}(x)\right)$$

Sous cette forme il est clair que la valeur de $B^k(X)$ au point $z^k(x)$, ou en n'importe quel point au dessus de x, ne dépend que de $j_x^k X$. Plus précisément, on obtient ainsi un isomorphisme canonique :

(7) $J_x^k\, T(V) \xrightarrow{\sim} T_{z^k}(B^k(V))$ où $x = p^k(z^k)$

Enfin, de la relation (6) appliquée aux groupes locaux à un paramètre on déduit :

(8) $\quad B^k(\varphi'(X)) = B^k(\varphi)'(B^k(X))$

(9) $\quad B^k([X,Y]) = [B^k(X), B^k(Y)]$

<u>I.2.4 Soient $z^k \in B^k(V)$</u>, avec $x = p^k(z^k)$, z^{k-1} la projection de z^k sur $B^{k-1}(V)$, X^k un vecteur tangent à $B^k(V)$ en z^k et X^{k-1} sa projection sur $B^{k-1}(V)$.

D'après ce qui précède on peut trouver un champ de vecteurs différentiable X sur V au voisinage de x tel que $X^k = B^k(X)_{z^k}$. On aura alors $X^{k-1} = B^{k-1}(X)_{z^{k-1}}$. Si $z^k = j_0^k \varphi$, posons :

(10) $\quad \theta^k(X^k) = j_0^{k-1}(\bar{\varphi}^1{}'(X))$

Le second membre ne dépend, d'après (1), que de z^k et X^{k-1}. On définit ainsi sur $B^k(V)$ une 1-forme à valeurs dans $\mathbb{R}^n_{k-1}$ qui est dite <u>forme fondamentale de $B^k(V)$</u>. D'après la définition, si $\gamma^k \in GL_{n,k}$ on aura :

(11) $\quad \theta^k(R'_{\gamma^k}(X^k)) = \bar{\gamma}^{1k}.\theta^k(X^k)$

ce qui signifie que la forme θ^k est équivariante pour l'action de $GL_{n,k}$ sur $\mathbb{R}^n_{k-1}$ définie par (2).

En particulier, le noyau de θ^k est l'espace vertical pour la fibration principale $B^k(V) \to B^{k-1}(V)$ et θ^k est <u>tensorielle pour cette fibration</u>. Ainsi z^k définit un repère linéaire pour l'espace tangent à $B^{k-1}(V)$ en z^{k-1} et $B^k(V)$ apparaît donc comme un $GL_n^{(k-1)}$-sous-fibré principal de $B^1(B^{k-1}(V))$.

Remarquons enfin que si $t^{k-1}_{k-2} : \mathbb{R}^n_{k-1} \to \mathbb{R}^n_{k-2}$ et $p^k_{k-1} : B^k(V) \to B^{k-1}(V)$ sont les projections naturelles, on a :

(12) $t^{k-1}_{k-2} \circ \theta^k = (p^k_{k-1})^* \, \theta^{k-1}$

I.3 RELEVEMENT DES MORPHISMES ET DES CHAMPS DE VECTEURS

I.3.1 Soient φ un difféomorphisme local de V dans W, $B^k(\varphi)$ le morphisme relevé de $B^k(V)$ dans $B^k(W)$, $z^k = j^k_0\psi$ un point de $B^k(V)$ et $X^k = B^k(X)_{z^k}$ un vecteur tangent en ce point. Pour éviter les ambiguïtés on notera θ^k_V et θ^k_W les formes fondamentales respectives de $B^k(V)$ et $B^k(W)$. Il vient :

$$[B^k(\varphi)^*\theta^k_W](X^k) = \theta^k_W(B^k(\varphi)'(B^k(X)_{z^k}))$$

qui, d'après (8) vaut $\theta^k_W(B^k(\varphi'(X))_{B^k(\varphi)(z^k)})$

et comme $B^k(\varphi)(z^k) = j^k_0(\varphi \circ \psi)$, on aura :

$$[B^k(\varphi)^*\theta^k_W](X^k) = j^{k-1}_0[(\varphi \circ \psi)^{-1}{}'(\varphi'(X))] = j^{k-1}_0(\psi^{-1}{}'(X)) = \theta^k_V(X^k)$$

d'où :

(13) $B^k(\varphi)^*\theta^k_W = \theta^k_V$

On va voir que réciproquement cette propriété de respect des formes fondamentales caractérise localement les relevés des difféomorphismes locaux de V dans W :

PROPOSITION 1 Si φ^k est un difféomorphisme local de $B^k(V)$ dans $B^k(W)$ tel que $\varphi^{k*}\theta^k_W = \theta^k_V$ alors φ^k coïncide au voisinage de chaque point avec le relevé d'un difféomorphisme local de V dans W.

démonstration : par récurrence sur k.

– pour $k = 1$ le noyau de θ^1_V est formé en chaque point des vecteurs verticaux pour la projection sur V. L'hypothèse $\varphi^{1*}\theta^1_W = \theta^1_V$ entraîne que φ^1 respecte localement la projection et est donc (localement) projetable en un difféomorphisme local φ. Posons alors $\psi^1 = B^1(\varphi^{-1}) \circ \varphi^1$. Le difféomorphisme local ψ^1 de $B^1(V)$ respecte θ_V^1 et se projette suivant l'identité sur V. La tensorialité de θ_V^1 entraîne alors que ψ^1 est localement l'identité. D'où le résultat.

- si le résultat est vrai pour k-1, la condition $\varphi^{k*}\theta_W^k = \theta_V^k$ entraîne de façon analogue que φ^k est (localement) projetable en un difféomorphisme local φ^{k-1} de $B^{k-1}(V)$ dans $B^{k-1}(W)$. De plus la formule (12) entraîne $(\varphi^{k-1})^*\theta_W^{k-1} = \theta_V^{k-1}$. Donc par hypothèse de récurrence il existe un difféomorphisme local φ de V dans W tel que l'on ait (localement) $\varphi^{k-1} = B^{k-1}(\varphi)$. On pose alors $\psi^k = B^k(\bar{\varphi}^1) \circ \varphi^k$. C'est un difféomorphisme local de $B^k(V)$ respectant la forme fondamentale et se projetant sur $B^{k-1}(V)$ suivant l'identité. Compte tenu de la tensorialité de θ_V^k pour la fibration $B^k(V) \to B^{k-1}(V)$ on termine comme pour $k = 1$.

C.Q.F.D

En particulier on voit que les relevés dans $B^k(V)$ des difféomorphismes locaux de V sont caractérisés (localement) par la propriété de <u>respecter la forme fondamentale</u> θ_V^k.

<u>I.3.2. La proposition suivante</u> peut être considérée comme la version infinitésimale du résultat précédent :

PROPOSITION 2 Soit X^k un champ de vecteurs différentiable local sur $B^k(V)$. La condition nécessaire et suffisante pour que X^k coïncide localement avec le relevé $B^k(X)$ d'un champ de vecteurs X de V est :

(14) $$\mathcal{L}_{X^k}\theta^k = 0$$

Dans cet énoncé, $\mathcal{L}_{X^k}\theta^k$ représente la dérivée de LIE de θ^k par rapport au champ de vecteurs X^k.

<u>démonstration</u> : si φ_t^k est le groupe local à un paramètre associé à X^k, la condition (14) est équivalent à $(\varphi_t^k)^*\theta^k = \theta^k$.

- Si $X^k = B^k(X)$, φ_t^k est le relevé $B^k(\varphi_t)$ du groupe local à un paramètre φ_t associé à X et la condition précédente résulte de (13).

- Réciproquement, si $(\varphi_t^k)^*\theta^k = \theta^k$, d'après la proposition 1 φ_t^k est localement projetable en φ_t sur V et $\varphi_t^k = B^k(\varphi_t)$. X^k est alors localement le relevé de la transformation infinitésimale X associée à φ_t.

C.Q.F.D

<u>I.3.3. Soient φ un difféomorphisme local</u> de V dans W, $(x^1,\dots,x^n)$ des coordonnées locales dans le domaine de φ et $(y^1,\dots,y^n)$ des coordonnées locales dans l'image de φ. Si $z^k = j_o^k\psi$ est un k-repère en un point x du domaine de φ, notons $(u^1,\dots,u^n)$ les coordonnées naturelles de $\mathbb{R}^n$. ψ est défini par les fonctions $\psi^i(u^1,\dots,u^n)$, $i=1,\dots,n$. z^k sera alors, dans les coordonnées de $B^k(V)$ associées à (x^i), le point de coordonnées :

$$(x^i, x^i_{i_1}, \dots, x^i_{i_1\dots i_k}) \quad \text{où} \quad x^i_{i_1\dots i_p} = \frac{\partial^p \psi^i}{\partial u^{i_1}\dots\partial u^{i_p}}(0)$$

Les coordonnées $(y^j, y^j_{i_1}, \dots, y^j_{i_1\dots i_k})$ du point $B^k(\varphi)(z^k) = j_o^k(\varphi\circ\psi)$ seront alors données par les formules :

$$y^j_{i,\dots i_p} = \frac{\partial^p(\varphi\circ\psi)^j}{\partial u^{i_1}\dots\partial u^{i_p}}(0)$$

En appliquant alors les règles de dérivation des fonctions composées, on voit que les coordonnées de $B^k(\varphi)(z^k)$ sont linéaires en $\varphi^j(x)$, $\dfrac{\partial\varphi^j}{\partial x^{j_1}}(x), \dots, \dfrac{\partial^k\varphi^j}{\partial x^{j_1}\dots\partial x^{j_k}}(x)$, avec des coefficients polynomiaux en les coordonnées de z^k. Ces coefficients sont d'ailleurs visiblement des polynômes standard.

Donc le ℓ-jet en z^k de $B^k(\varphi)$ sera déterminé par les dérivées partielles des fonctions $\varphi^j(x^1,\dots,x^n)$ jusqu'à l'ordre $k+\ell$. <u>Ainsi</u> $j^\ell_{z^k} B^k(\varphi)$ <u>est déterminé par</u> $j_x^{k+\ell}\varphi$.

En particulier, si $z^{k+\ell} = j_0^{k+\ell}\,\psi \in B^{k+\ell}(V)$ et si l'on note $0^k \in B^k(\mathbb{R}^n)$ le k-jet à l'origine de l'identité, on aura $z^k = B^k(\psi)(0^k)$ et le ℓ-jet en 0^k de $B^k(\psi)$ sera défini par $z^{k+\ell}$.
On peut donc considérer $z^{k+\ell}$ comme définissant un ℓ-repère en z^k (la variété modèle étant cette fois $B^k(\mathbb{R}^n)$) ce qui détermine une inclusion :

(15) $$B^{k+\ell}(V) \hookrightarrow B^{\ell}(B^k(V))$$

En appliquant les définitions précédentes, on voit que si φ est un difféomorphisme local de V dans W, on aura :

(16) $$B^{k+\ell}(\varphi) = B^{\ell}(B^k(\varphi)) \text{ en restriction à } B^{k+\ell}(V)$$

<u>I.3.4. Soient X un champ de vecteurs</u> différentiable (local) sur V, $B^k(X)$ le champ relevé dans $B^k(V)$ et φ_t le groupe local à un paramètre associé à X.

En appliquant les résultats de paragraphe précédent à $B^k(\varphi_t)$ et en dérivant par rapport à t on obtient : <u>le ℓ-jet de $B^k(X)$ en z^k est déterminé</u> par $j_x^{k+\ell}X$, où $x = p^k(z^k)$, ou encore <u>par la valeur de $B^{k+\ell}(X)$ en un point</u> $z^{k+\ell}$ <u>de</u> $B^{k+\ell}(V)$ <u>au dessus de</u> z^k. On peut d'ailleurs démontrer ce fait directement à partir du calcul explicite indiqué en I.2.3.

Soit en particulier $Y^{k+\ell} = j_0^{k+\ell}\,Y \in \mathbb{R}^n_{k+\ell}$ un $(k+\ell)$-jet de champ de vecteurs à l'origine de $\mathbb{R}^n$. Le champ $B^k(Y)$ sur $B^k(\mathbb{R}^n)$ a un ℓ-jet en 0^k défini par $Y^{k+\ell}$. D'où une inclusion :

(17) $$\mathbb{R}^n_{k+\ell} \hookrightarrow J^{\ell}_{0^k}T(B^k(\mathbb{R}^n))$$

Ceci étant, soit $X^{k+\ell} = B^{k+\ell}(X)_{z^{k+\ell}}$ un vecteur tangent à $B^{k+\ell}(V)$ en $z^{k+\ell} = j_0^{k+\ell}\varphi$. On aura par définition de la forme fondamentale sur $B^{k+\ell}(V)$:

$$\theta^{k+\ell}(X^{k+\ell}) = j_0^{k+\ell-1}\,(\bar{\varphi}^1{}'(X))$$

et, compte tenu de (17), ceci s'écrit :

$$j^{\ell-1}_{0^k}(B^k(\bar{\varphi}^1{}'(X))) = j^{\ell-1}_{0^k}(B^k(\bar{\varphi}^1)'(B^k(X))) \quad \text{d'après (8)}$$

Sous cette forme, on voit que la forme fondamentale <u>$\theta^{k+\ell}$ coïncide avec la restriction à $B^{k+\ell}(V)$ de la forme fondamentale de $B^{\ell}(B^k(V))$</u> pour l'inclusion (15). On notera ceci :

$$(18) \qquad \theta_V^{k+\ell} = \theta^{\ell}_{B^k(V)}\Big|_{B^{k+\ell}(V)}$$

I.4 CONTACT D'ORDRE SUPERIEUR.

<u>I.4.1 Soient V une variété différentiable</u> de dimension n, W une sous-variété de dimension $m < n$ de V et x_o un point de W.

Un difféomorphisme local de $\mathbb{R}^n$ dans V sera dit <u>adapté à W</u> s'il induit un difféomorphisme local de $\mathbb{R}^m$ dans W. De même une carte locale de V sera adaptée à W si le difféomorphisme inverse est adapté à W. En coordonnées locales adaptées, l'injection de W dans V s'écrit :

$$(x^1,\ldots,x^m) \to (x^1,\ldots,x^m,0,\ldots,0)$$

<u>Un k-repère en x_o de V est adapté à W</u> s'il est le k-jet d'un difféomorphisme adapté à W. Si z^k est un k-repère en x_o adapté à W il induit un k-repère z^k_W de W en x_o.

Dans ces définitions on prend comme "modèle de sous-variété" la sous-variété $\mathbb{R}^m$ de $\mathbb{R}^n$. On pourrait plus généralement utiliser une variété modèle arbitraire M et une sous-variété N de M.

Soit W_1 une autre sous-variété de dimension m de V passant par x_o. On dira que W et W_1 ont un <u>contact d'ordre k en x_o</u> s'il existe un k-repère de V en x_o qui soit adapté à la fois à W et W_1. Les classes d'équivalence pour la relation d'équivalence ainsi définie seront appelées <u>m-éléments de contact d'ordre k en x_o dans V</u>. Un tel élément de contact peut être représenté par un k-jet de source 0 et but x_o de $\mathbb{R}^m$ dans V de rang maximum.

<u>I.4.2. Si X est un champ de vecteurs</u> différentiable au voisinage de x_o dans V, on dit que X est <u>adapté à W</u> au voisinage de x_o, si en tout point d'un ouvert de W contenant x_o, X est tangent à W. On notera $A^k_{x_o W}(V)$ le sous-espace de $J^k_{x_o} T(V)$ formé des <u>k-jets en x_o de champs de vecteurs adaptés à W</u>. Si $z^{k+1} = j_o^{k+1} \varphi$ est un (k+1)-repère en x_o adapté à W, la condition nécessaire et suffisante pour que $j^k_{x_o} X \in A^k_{x_o W}(V)$ est :

$$j_o^{k-1} \varphi'(X) \in A^k_{o\mathbb{R}^m}(\mathbb{R}^n)$$

Il est clair que <u>si</u> W <u>et</u> W_1 <u>ont un contact d'ordre</u> k <u>en</u> x_o, on aura :

$$(19) \qquad A^{k-1}_{x_o W}(V) = A^{k-1}_{x_o W_1}(V)$$

car si z^k est un repère en x_o adapté à la fois à W et W_1 il permettra de transporter $A^{k-1}_{o\mathbb{R}^m}(\mathbb{R}^n)$ sur ces deux sous-espaces.

La réciproque est vraie. On va l'énoncer sous une forme techniquement plus maniable :

PROPOSITION 3 S'il existe $X_1^{k-1}, \ldots, X_m^{k-1}$ dans $A^{k-1}_{x_o W}(V) \cap A^{k-1}_{x_o W_1}(V)$ tels que les 0-jets correspondants $X_1, \ldots, X_m$ soient linéairement indépendants dans $T_{x_o}(V)$, alors W et W_1 ont un contact d'ordre k en x_o.

<u>démonstration</u> : soient z^k un k-repère adapté à W en x_o et z_1^k un k-repère adapté à W_1 en x_o. Si $\gamma^k = z_1^{-1k} \circ z^k \in GL_{n,k}$, posons $\gamma^k = j_o^k \varphi$. φ est un difféomorphisme local de $\mathbb{R}^n$ qui transforme m champs de vecteurs $Y_1, \ldots, Y_m$ linéairement indépendants en 0 et adaptés à l'ordre k-1 à $\mathbb{R}^m$ en 0 en champs de vecteurs ayant la même propriété.

Or le fait pour $Y = \sum_j Y^j \frac{\partial}{\partial x^j}$ d'être adapté à l'ordre $k-1$ à $\mathbb{R}^m$ à l'origine se traduit par :

$$Y^j_{(0)} = 0,\ \frac{\partial Y^j}{\partial x^{j_1}}(0) = 0, \ldots, \frac{\partial^{k-1} Y^j}{\partial x^{j_1} \ldots \partial x^{j_{k-1}}}(0) = 0 \quad \text{pour} \quad j = m+1, \ldots, n$$

et $j_1, j_2, \ldots, j_{k-1} = 1, \ldots, m$.

Comme $\varphi'(Y)^j = \sum_k \frac{\partial \varphi^j}{\partial x^k} Y^k$, la condition imposée entraîne que

$$\varphi^j(0) = 0,\ \frac{\partial \varphi^j}{\partial x^{j_1}}(0) = 0, \ldots, \frac{\partial^k \varphi^j}{\partial x^{j_1} \ldots \partial x^{j_k}}(0) = 0 \quad \text{pour} \quad j = m+1, \ldots, n$$

et $j_1, \ldots, j_k = 1, \ldots, m$. Ceci entraîne que φ laisse invariant le m-élément de contact à l'origine défini par $\mathbb{R}^m$. Par suite $z^k_1 = z^k \circ \bar{Y}^{-1k}$ est un k-repère adapté à la fois à W et W_1. D'où le résultat.

C.Q.F.D.

Ainsi, pour vérifier que W et W_1 ont un contact d'ordre k en x_o il suffira de trouver m champs de vecteurs $X_1, \ldots, X_m$ linéairement indépendants en x_o et dont les $(k-1)$-jets en x_o sont adaptés à la fois à W et W_1.

I.4.3 W étant toujours une sous-variété de dimension m de V, notons $B^1_W(V)$ l'ensemble des 1-repères de V adaptés à la sous-variété. En utilisant des coordonnées locales de V adaptées à W on voit que $B^1_W(V)$ est une sous-variété de $B^1(V)$. En fait c'est un sous-fibré principal de la restriction de $B^1(V)$ à W ayant pour groupe structural le sous-groupe de $GL(n,\mathbb{R})$ qui laisse $\mathbb{R}^m$ globalement invariant.

On utilisera par la suite le résultattechnique suivant :

PROPOSITION 4 Etant donné un champ de vecteurs X sur V au voisinage du point x_o de W, la condition nécessaire et suffisante pour que $j^k_{x_o} X$ soit adapté à W est que, en un point z^1 de $B^1_W(V)$ au-dessus de x_o, le $(k-1)$-jet $j^{k-1}_{z^1} B^1(X)$ soit adapté à $B^1_W(V)$.

<u>démonstration</u> : soient $(x^1,\dots,x^n)$ des coordonnées locales en x_o adaptées à W. Si $X = \sum_{j=1}^{n} X^j \frac{\partial}{\partial x^j}$, la condition nécessaire et suffisante pour que $j^k_{x_o} X$ soit adapté à W est :

$$X^j(x_o) = 0,\ \frac{\partial X^j}{\partial x^{j_1}}(x_o) = 0,\dots,\ \frac{\partial^k X^j}{\partial x^{j_1}\dots\partial x^{j_k}}(x_o) = 0 \quad \text{pour} \quad j = m+1,\dots,n$$

et $j_1,\dots,j_k = 1,\dots,m$.

Dans $B^1(V)$, pour les coordonnées associées, les composantes de $B^1(X)$ sont :

$$\left(X^j,\ \sum_k \frac{\partial X^j}{\partial x^k} x^k_{i_1}\right) \quad \text{au point} \quad (x^j, x^j_{i_1})$$

$B^1_W(V)$ est défini dans $B^1(V)$ par les équations :

$$\begin{cases} x^j = 0 & \text{pour} \quad j = m+1,\dots,n \\ x^j_{j_1} = 0 & \text{pour} \quad j = m+1,\dots,n \quad \text{et} \quad j_1 = 1,\dots,m \end{cases}$$

d'où le résultat par un calcul immédiat.

C.Q.F.D

CHAPITRE II G-STRUCTURES

On pourrait se contenter de traiter les G-structures dans le cadre plus général des structures infinitésimales principales d'ordre supérieur. En fait les G-structures fournissent la plupart des exemples importants de structures infinitésimales : structures complexes, riemanniennes, feuilletées etc... Et c'est dans une large mesure pour étudier les problèmes concernant les G-structures (en particulier le problème d'équivalence) que l'on utilise les structures d'ordre supérieur. Il est donc naturel de consacrer un chapitre au cas des G-structures.

II.1 G-STRUCTURES ; MODELES ALGEBRIQUES

II.1.1. On a déjà remarqué que $B^1(V)$ est le $GL(n,\mathbb{R})$-fibré principal des repères linéaires du fibré tangent $T(V)$ à la n-variété différentiable V. Si $z^1 \in B^1(V)$, soit X^1 un vecteur tangent à $B^1(V)$ en z^1. z^1 pouvant être considéré comme un isomorphisme de $\mathbb{R}^n$ sur $T_x(V)$, avec $x = p^1(z^1)$, la forme fondamentale θ^1 est donnée par :

(20) $\theta^1(X^1) = \overset{-1}{z}{}^1(X)$ où X est la projection de X^1 sur V.

θ^1 est une 1-forme tensorielle sur $B^1(V)$ à valeurs dans $\mathbb{R}^n$.

Soit G un sous-groupe de LIE de $GL(n,\mathbb{R})$.

Une G-structure sur V est un sous-fibré principal $E^1(V,G)$ de $B^1(V)$ de groupe structural G. On notera encore θ^1 et p^1 les restrictions à E^1 de θ^1 et p^1. La restriction de θ^1 sera dite forme fondamentale de la G-structure.

REMARQUE : si $E(V,G)$ est un G-fibré principal (différentiable) sur V dont le groupe structural est un sous-groupe de LIE de $GL(n,\mathbb{R})$ et si θ est une 1-forme sur E à valeurs dans $\mathbb{R}^n$ tensorielle pour l'action de G sur $\mathbb{R}^n$ et de rang n en tout point, alors E, muni de la 1-forme θ, peut être considéré comme une G-structure munie de sa forme fondamentale.

II.1.2 Si en particulier G est fermé dans $GL(n,\mathbb{R})$, l'action à droite de G sur $B^1(V)$ définit un espace quotient :

$$F_G^1(V) = B^1(V)/G$$

Il est bien connu (voir par exemple [19]) que les G-sous-fibrés principaux de $B^1(V)$ correspondent biunivoquement aux sections du fibré $F_G^1(V) \to V$. Si :

$$B^1(V) \to F_G^1(V)$$

est la projection canonique, c'est une G-fibration principale. A une section s de F_G^1 on fera correspondre la G-structure $s^*B^1(V)$ munie de la forme fondamentale $s^*\theta^1$.

Pour cette raison on dira que $F_G^1(V)$ est le fibré des G-structures sur V. La condition d'existence d'une G-structure sur V sera l'existence d'une section globale de ce fibré.

II.1.3. Revenons au cas d'un sous-groupe de LIE G quelconque de $GL(n,\mathbb{R})$. La signification géométrique de la notion de G-structure est liée à l'étude des invariants de G dans $\mathbb{R}^n$.

Soit S une structure sur $\mathbb{R}^n$ invariante par l'action de G. Une structure de type S sur V sera la donnée, pour tout $x \in V$, d'une structure S_x sur $T_x(V)$ avec la condition : il existe au voisinage de chaque point de V une trivialisation locale de $T(V)$ qui transporte la structure en x sur la structure modèle S. C'est la notion la plus générale de structure infinitésimale d'ordre 1 sur V.

Ceci étant, il est clair que toute G-structure sur V définit une structure de type S. Réciproquement, dans le cas où G est le groupe de tous les automorphismes linéaires de S, toute structure de type S détermine une G-structure. Ainsi dans ce cas la donnée d'une G-structure est équivalente à celle d'une structure de type S.

C'est de cette manière que la notion de G-structure s'est introduite dans l'étude géométrique des variétés différentiables.

On notera que tout groupe G peut être considéré comme le groupe des automorphismes linéaires d'une structure S_G sur $\mathbb{R}^n$, à savoir la structure définie par l'ensemble des bases de $\mathbb{R}^n$ qui se déduisent de la base naturelle par l'action de G (structure d'"espace vectoriel G-structuré"). On pourra donc considérer cette structure comme le modèle algébrique des G-structures.

II.2 EXEMPLES CLASSIQUES

II.2.1. Soient G un sous-groupe de LIE de $GL(n,\mathbb{R})$ et $\mathcal{A} = (U_i, \varphi_i)_{i\in I}$ un atlas différentiable sur la variété V. On dira que $\mathcal{A}$ est un atlas G-structuré si les changements de cartes $\varphi_j \circ \varphi_i^{-1}$ de l'atlas ont en chaque point une matrice jacobienne appartenant à G.

Si $\mathcal{A}$ est un atlas G-structuré sur V il définit une G-structure : ce sera l'ensemble des repères aux différents points de V qui se déduisent des repères naturels de coordonnées locales associés aux cartes de $\mathcal{A}$ par l'action à droite de G. On dit que $\mathcal{A}$ est un atlas adapté pour la G-structure ainsi définie. Une G-structure pour laquelle il existe un atlas adapté est dite plate. En d'autres termes, la G-structure $E^1(V,G)$ est plate si au voisinage de chaque point de V il existe des coordonnées locales telles que les repères naturels d'ordre 1 associés appartiennent à E^1 (coordonnées locales adaptées à E^1).

La caractérisation des G-structures plates constitue l'un des buts essentiels de notre travail.

II.2.2. Citons quelques exemples classiques :

a - $G = GL(n,\mathbb{R})$. Sur toute variété V de dimension n il y a une G-structure unique, définie par le fibré $B^1(V)$ lui-même. Cette structure est plate, tout atlas différentiable de V lui étant adapté.

b - $G = GL^+(n,\mathbb{R})$, groupe des matrices de déterminant > 0. Une G-structure est une orientation. S'il en existe une, il en existe en tout deux qui sont dites opposées. Toute orientation est plate : considérons un atlas dont les domaines des cartes sont connexes. On peut rendre chacune des cartes de l'atlas adaptée à l'orientation choisie en permutant si nécessaire deux des coordonnées.

L'existence d'une orientation n'est pas toujours assurée. Par exemple l'espace projectif réel de dimension 2 n'admet par d'orientation.

Le fibré $F^1_G(V)$ des G-structures sur une variété V est dans ce cas un revêtement à deux feuillets de V appelé revêtement d'orientation.

c - $G = \{e\}$. Une G-structure est un parallélisme absolu. Bien entendu l'existence d'une telle structure n'est pas toujours assurée. Ici $F^1_G(V)$ s'identifie à $B^1(V)$.

Une G-structure sur V peut être définie par n champs de vecteurs $X_1,\dots,X_n$ différentiables sur V et linéairement indépendants en chaque point. Pour que des coordonnées locales $(x^1,\dots,x^n)$ soient adaptées à ce parallélisme, il faut et il suffit que dans ces coordonnées locales on ait $X_i = \frac{\partial}{\partial x^i}$. Donc, si la structure est plate on aura $[X_i, X_j] = 0$. Réciproquement si cette condition est vérifiée, soit $\varphi_{i,t}$ le groupe local à un paramètre associé à X_i au voisinage d'un point arbitraire x_0 de V. L'application définie localement par :

$$(x^1,\dots,x^n) \to \varphi_{1,x^1} \circ \varphi_{2,x^2} \circ \dots \circ \varphi_{n,x^n}(x_0)$$

est alors l'inverse d'une carte locale adaptée au parallèlisme.

Donc le parallèlisme défini par $(X_1,\dots,X_n)$ est plat si et seulement si ces champs de vecteurs commutent 2 à 2.

d - G est le sous-groupe de $GL(n,\mathbb{R})$ formé des matrices qui laissent (globalement) invariant le sous-espace $\mathbb{R}^m$ de $\mathbb{R}^n$ $(m < n)$. Une G-structure correspond alors à un champ (différentiable) de m-éléments de contact (d'ordre 1). Si la structure est plate, le champ d'éléments de contact est dit complètement intégrable. La structure définit alors un feuilletage sur la variété V considérée : une variété intégrale est une m-sous-variété dont l'espace tangent en chaque point est l'élément de contact correspondant. Une feuille est une variété intégrale connexe maximale.

Sur une variété feuilletée, les coordonnées adaptées à la structure sont adaptées aux feuilles au sens de I.4.1.

Etant donnée une G-structure sur V, un champ de vecteurs de V sera dit adapté à la structure si sa valeur en tout point appartient à l'élément de contact en ce point. Ceci étant, le THEOREME classique de FROBENIUS peut s'énoncer : un champ de m-éléments de contact est complètement intégrable si et seulement si le crochet de deux champs de vecteurs adaptés est encore un champ de vecteurs adapté (voir [11] et [43] b). On dit encore que le champ d'éléments de contact est en involution.

e - $G = O(n,\mathbb{R})$, groupe des matrices orthogonales. Une G-structure est une structure riemannienne qui correspond à une structure d'espace euclidien pour l'espace tangent en chaque point de la variété.

f - $G = SL(n,\mathbb{R})$, groupe des matrices de déterminant +1. Une G-structure sur V correspond à une forme volume (n-forme partout non nulle). On vérifiera au chapitre X qu'une telle structure est toujours plate.

g - $G = Sp(n,\mathbb{R})$, $n = 2m$. G est le groupe des transformations de R^n qui laissent invariante la 2-forme :

$\alpha_0 = \theta^1 \wedge \theta^2 + \dots + \theta^{2m-1} \wedge \theta^{2m}$ où $(\theta^1, \dots, \theta^{2m})$ est la base naturelle de $\mathbb{R}^{n*}$

Une G-structure, ou <u>structure presque-symplectique</u> sur V correspond à la donnée d'une 2-forme α de rang maximum en tout point ($\alpha^m \neq 0$).

La structure est plate si au voisinage de chaque point il existe des coordonnées locales par rapport auxquelles α se met sous la forme :

$$\alpha = dx^1 \wedge dx^2 + \ldots + dx^{2m-1} \wedge dx^{2m}$$

Une condition nécessaire pour qu'une telle structure soit plate (<u>structure symplectique</u>) est visiblement $d\alpha = 0$. La réciproque résulte du THEOREME classique de DARBOUX (voir [11] et [43] b).

h - $G = GL(m, \mathbb{C})$, $n = 2m$. G est le groupe des matrices inversibles complexes opérant sur $\mathbb{R}^n = \mathbb{C}^m$. Une G-structure est une <u>structure presque-complexe</u>. Elle correspond à un champ différentiable d'opérateurs de carré moins l'identité dans l'espace tangent en chaque point.

Une structure presque-complexe plate est dite <u>structure</u> (analytique) <u>complexe</u>. Les changements de carte dans un atlas adapté sont des transformations biholomorphes de $\mathbb{C}^m$.

<u>i - $G = SL(m, \mathbb{C})$</u>, $n = 2m$. G est le sous-groupe du précédent formé des matrices de déterminant +1. Une G-structure sur V est définie par une structure presque-complexe et une m-forme complexe partout non nulle (<u>forme volume presque-complexe</u>).

<u>j - $G = Sp(m, \mathbb{C})$</u>, $n = 2m = 4p$. G est le sous-groupe de $GL(m, \mathbb{C})$ qui laisse invariante la 2-forme complexe sur $\mathbb{C}^{2p}$:

$$\alpha_0^C = \theta^1 \wedge \theta^2 + \ldots + \theta^{2p-1} \wedge \theta^{2p}$$

Une G-structure sur V (structure <u>presque-symplectique complexe</u>) est une structure presque-complexe munie d'une 2-forme complexe de rang maximum en tout point.

II.3 MORPHISMES ; HOMOGENEITE ET TRANSITIVITE.

II.3.1 Soient $E^1(V,G)$ et $E^1{}'(V',G)$ deux G-structures.
Un morphisme de E^1 sur $E^1{}'$ (ou équivalence globale) sera un difféomorphisme φ de V sur V' tel que :

(21) $\quad B^1(\varphi)(E^1) = E^1{}'$

De même, un morphisme local (ou équivalence locale) de E^1 dans $E^1{}'$ sera un difféomorphisme local de V dans V' dont le relevé transporte (localement) E^1 dans $E^1{}'$.

Si $V' = V$ et $E^1 = E^1{}'$ on obtient les notions d'automorphisme local et global de $E^1(V,G)$.

Les formes fondamentales permettent de caractériser localement les morphismes de G-structures : si φ est un morphisme local de E^1 dans $E^1{}'$, $B^1(\varphi)$ induit un difféomorphisme local de E^1 dans $E^{1'}$ qui sera encore appelé relevé de φ, et d'après (13) on aura :

(22) $\quad B^1(\varphi)^*\theta^1_{V'} = \theta^1_V$

où les formes fondamentales sont celles des G-structures.
Réciproquement, on a le résultat suivant (qui généralise la proposition 1) :

PROPOSITION 5 Si φ^1 est un difféomorphisme local de E^1 dans $E^{1'}$ vérifiant :

(23) $\quad \varphi^{1*}\theta^1_{V'} = \theta^1_V$

alors φ^1 est localement le relevé d'un morphisme de E^1 dans $E^{1'}$.

démonstration : comme pour la proposition 1, (23) entraîne d'abord que φ^1 est localement projetable suivant un difféomorphisme local φ de V dans V'. De plus la tensorialité des formes fondamentales entraîne que φ^1 est (localement) un morphisme de fibrés principaux, c.a.d. commute avec les translations à droite. φ^1 se prolonge alors en un morphisme local de fibrés principaux de $B^1(V)$ dans $B^1(V')$ pour lequel, par tensorialité, la formule (23) est encore vraie. Le résultat se déduit alors de la proposition 1.

C.Q.F.D

En particulier la propriété $\varphi^{1*}\theta^1 = \theta^1$ caractérise (localement) les relevés des automorphismes locaux d'une G-structure.

<u>II.3.2. L'étude des automorphismes locaux</u> d'une G-structure fait intervenir la notion de pseudogroupe de transformations.

Un <u>pseudogroupe de transformations</u> de la variété différentiable V est une collection P de difféomorphismes locaux de V vérifiant les conditions suivantes :

(i) l'application identique de V appartient à P.

(ii) si $\varphi : U \to U'$ appartient à P et si U_1 est un ouvert inclus dans U, la restriction de φ à U_1 appartient à P.

(iii) si $\varphi \in P$ alors $\varphi^{-1} \in P$

(iv) si $\varphi : U \to U'$ et $\psi : U' \to U''$ appartiennent à P, il en est de même de $\psi \circ \varphi$.

(v) si φ est un difféomorphisme local de V qui, au voisinage de chaque point de son domaine, coïncide avec un élément de P, alors $\varphi \in P$.

Le pseudogroupe P est <u>transitif</u> si quelsquesoient x et $y \in V$ il existe $\varphi \in P$ avec $\varphi(x) = y$.

Avec cette définition il est clair que l'ensemble des automorphismes locaux d'une G-structure $E^1(V,G)$ est un pseudogroupe de transformations de V. C'est <u>le pseudogroupe $\Gamma(E^1)$ des automorphismes (locaux) de E^1</u>.

Ceci étant, on dira que <u>$E^1(V,G)$ est homogène si $\Gamma(E^1)$ est transitif sur V</u>.

Si maintenant on note $B^1(\Gamma(E^1))$ l'ensemble des relevés dans E^1 des automorphismes locaux de E^1, ce n'est pas un pseudogroupe car la condition (V) n'est pas en général vérifiée. Soit $\Gamma^1(E^1)$ la famille des difféomorphismes locaux de E^1 qui respectent la forme fondamentale. D'après (22) $B^1(\Gamma(E^1)) \subset \Gamma^1(E^1)$. De plus la proposition 5 signifie que $\Gamma^1(E^1)$ est le plus petit pseudogroupe de transformations de E^1 contenant $B^1(\Gamma(E^1))$. On dit que $\Gamma^1(E^1)$ est le pseudogroupe engendré par $B^1(\Gamma(E^1))$. On peut aussi le considérer comme le "localisé" de $B^1(\Gamma(E^1))$.

On dira que la G-structure $E^1(V,G)$ est transitive si $\Gamma^1(E^1)$ est transitif sur E^1. Il revient au même, d'après la proposition 5, de dire que E^1 est transitive si et seulement si quelsquesoient z^1 et $z^{1'}$ dans E^1 il existe $\varphi \in \Gamma(E^1)$ avec $B^1(\varphi)(z^1) = z^{1'}$. Sous cette forme il est clair que la transitivité entraîne l'homogénéité.

II.3.3. On peut vérifier que toute G-structure plate est transitive.

Soient en effet $E^1(V,G)$ une G-structure plate, z^1 et $z^{1'}$ deux points arbitraires de E^1 de projections respectives x et x'. Utilisons des coordonnées locales adaptées à E^1, $(x^1,\ldots,x^n)$ au voisinage de x et $(y^1,\ldots,y^n)$ au voisinage de x'. Relativement à ces coordonnées, z^1 est défini par les nombres $(x_o^i, x_{o_{i_1}}^i)$ et $z^{1'}$ par les nombres $(y_o^j, y_{o_{j_1}}^j)$.

Un difféomorphisme local φ d'un voisinage de x sur un voisinage de x' sera défini en coordonnées locales par des fonctions $\varphi^j(x^1,\ldots,x^n)$ avec $j = 1,\ldots,n$. La condition $\varphi \in \Gamma(E^1)$ est équivalente à : $\left(\frac{\partial\varphi^j}{\partial x^i}\right) \in G$ en tout point du domaine de φ.

Considérons le difféomorphisme local défini par :

$$\varphi^j(x^1,\ldots,x^n) = y_o^j + \sum_{k=1}^{n} \alpha_k^j(x^k - x_o^k)$$

où les α_k^j sont les constantes déterminées par la condition $\sum_k \alpha_k^j x_{o_{j_1}}^k = y_{o_{j_1}}^j$

Comme les matrices $(x^{i}_{o_{i_1}})$ et $(y^{j}_{o_{j_1}})$ appartiennent à G il en sera de même de (α^{i}_{j}). De plus, par construction, $B^1(\varphi)(z^1) = z^{1'}$. Donc E^1 est transitive.

REMARQUE. Donnons un exemple de G-structure transitive qui n'est pas plate. Sur un groupe de LIE $\mathcal{G}$ une base de l'algèbre de LIE définit un parallèlisme invariant à gauche. Les translations à gauche sont des automorphismes de ce parallèlisme qui est donc transitif. La structure n'est plate que si le crochet de deux champs de vecteurs invariants à gauche est nul, c.a.d. si l'algèbre de LIE de $\mathcal{G}$ est abélienne.

II.4. HOMOGENEITE ET TRANSITIVITE INFINITESIMALES

II.4.1. $E^1(V,G)$ étant une G-structure sur V, soit X un champ de vecteurs différentiable (local) sur V. X est un automorphisme infinitésimal de E^1 si le champ relevé $B^1(X)$ est tangent à E^1 en tout point de E^1 où il est défini. Ce qui revient à dire, suivant la terminologie de I.4.2, que $B^1(X)$ est adapté à E^1. Ceci est équivalent à la condition : les trajectoires passant par un point de E^1 du champ $B^1(X)$ sont contenues dans E^1. Ou encore : le groupe local à un paramètre associé à X est un groupe local d'automorphismes de E^1.

Par suite, compte tenu de la proposition 5, un champ de vecteurs différentiable (local) X^1 sur $E^1(V,G)$ sera localement le relevé d'un automorphisme infinitésimal X de E^1 si et seulement si :

(24) $\mathcal{L}_{X^1}\, \theta^1 = 0$

(la démonstration est analogue à celle de la proposition 2).

II.4.2. L'étude des automorphismes infinitésimaux d'une G-structure fait intervenir la notion de faisceau d'algèbres de LIE de champs de vecteurs (FAL).

Soit $\mathcal{D}$ le faisceau des germes de champs de vecteurs différentiables sur V. Les fibres de ce faisceau en chaque point sont munies d'une structure d'algèbre de LIE induite par le crochet des champs de vecteurs. Un FAL sur V est un sous-faisceau $\mathcal{L}$ de $\mathcal{D}$ dont les fibres sont des sous-algèbres de LIE des fibres de $\mathcal{D}$. Autrement dit, si X et Y sont des sections de $\mathcal{L}$ dans l'ouvert U, $[X,Y]$ est encore une section de $\mathcal{L}$ dans U.

$E^1(V,G)$ étant une G-structure sur V, <u>le faisceau $\mathcal{L}(E^1)$ des germes d'automorphismes infinitésimaux</u> de E^1 est un FAL sur V comme il résulte de la formule (9) et de (24).

De même, si <u>$\mathcal{L}^1(E^1)$ est le faisceau des germes de relevés des automorphismes infinitésimaux</u> (locaux) <u>de E^1</u>, c'est un FAL sur E^1 d'équation (24).

Un FAL $\mathcal{L}$ sur V est dit <u>transitif</u> si pour tout $x \in V$ tout vecteur tangent en x à V est la valeur en x d'une section locale de $\mathcal{L}$.

Avec ces définitions, on dira que $E^1(V,G)$ est <u>infinitésimalement homogène</u> si $\mathcal{L}(E^1)$ est transitif sur E^1 et <u>infinitésimalement transitive</u> si $\mathcal{L}^1(E^1)$ est transitif sur E^1. Il est clair que la transitivité infinitésimale entraîne l'homogénéité infinitésimale.

<u>II.4.3. Pour étudier le rapport</u> entre les notions d'homogénéité (respectivement de transitivité) et d'homogénéité infinitésimale (resp. de transitivité infinitésimale) on est amené à introduire <u>le pseudogroupe $P(\mathcal{L})$ engendré par un FAL $\mathcal{L}$ sur V</u> : c'est le pseudogroupe de transformations de V engendré par les groupes locaux à un paramètre associés aux sections locales de $\mathcal{L}$. On a :

LEMME Si V est une variété différentiable <u>connexe</u> et $\mathcal{L}$ un FAL transitif sur V, alors $P(\mathcal{L})$ est transitif sur V.

<u>démonstration</u> : pour $x_o \in V$ notons U_{x_o} la partie de V formée des points images de x_o par les éléments de $P(\mathcal{L})$ ("orbite du pseudo-groupe"). V étant connexe, il suffit de prouver que U_{x_o} est ouvert quelquesoit x_o. Soit $y \in U_{x_o}$. En raison de la transitivité de $\mathcal{L}$ les trajectoires de y par les groupes locaux à un paramètre associés aux sections locales de $\mathcal{L}$ forment un voisinage de y. D'où le résultat.

C.Q.F.D.

Si l'on remarque que pour toute G-structure $E^1(V,G)$ on a $P(\mathcal{L}(E^1)) \subset \Gamma(E^1)$ et $P(\mathcal{L}^1(E^1)) \subset \Gamma^1(E^1)$ on en déduit :

PROPOSITION 6 Si V est connexe, toute G-structure sur V infinitésimalement homogène est homogène. Toute G-structure connexe et infinitésimalement transitive est transitive.

<u>II.4.4. On peut compléter II.3.3.</u> en démontrant que <u>toute G-structure plate est infinitésimalement transitive</u> : soit $E^1(V,G)$ une G-structure plate. En coordonnées locales adaptées $(x^1,\dots,x^n)$ considérons un champ de vecteurs (local) $X = \sum_{i=1}^{n} X^i \frac{\partial}{\partial x^i}$ avec :

$$X^i = a^i + \sum_{j=1}^{n} b^i_j x^j \quad \text{où } a^i,\ b^i_j \text{ sont des constantes.}$$

D'après le calcul explicite fait en I.2.3, si la matrice (b^i_j) appartient à l'algèbre de LIE g de G, X est un automorphisme infinitésimal de E^1. De plus l'espace formé par les champs de vecteurs locaux de ce type se relève transitivement sur E^1. D'où le résultat.

<u>II.4.5. Soit $E^1(V,G)$ une G-structure infinitésimalement homogène</u>. On supposera de plus que la variété V est connexe.

En un point z^1 de E^1, notons $D^1_{z^1}$ le sous-espace de l'espace tangent à E^1 en ce point défini par les valeurs des sections locales de $\mathcal{L}^1(E^1)$.

Les sections locales de $\mathcal{L}^1(E^1)$ étant formées de champs de vecteurs (localement) invariants à droite, la dimension de $D^1_{z^1}$ est constante sur chaque fibre de E^1 et on a $D^1_{z^1\gamma^1} = R'_{\gamma^1}(D^1_{z^1})$. De plus la dimension de $D^1_{z^1}$ ne varie pas d'une fibre à l'autre car si $\varphi \in \Gamma(E^1)$, $B^1(\varphi)$ laisse invariant le champ d'éléments de contact $(D^1_{z^1})$. Ainsi $(D^1_{z^1})$ sera un champ d'éléments de contact différentiable, invariant à droite sur E^1 et complètement intégrable d'après le théorème de FROBENIUS, comme $\mathcal{L}^1(E^1)$ est un FAL.

Pour $z^1_0 \in E^1$, soit $E^{1[0]}_{(z^1_o)}$ la variété intégrale maximale de ce champ, $H_{(z^1_0)}$ l'ensemble des éléments de G tels que $z^1_0 g \in E^{1[0]}_{(z^1_o)}$. Si l'on veut, $E^{1[0]}_{(z^1_o)}$ est l'ensemble des points de E^1 que l'on peut joindre à z^1_0 par un chemin continu, continuement différentiable par morceaux et dont tous les vecteurs tangents appartiennent au champ $(D^1_{z^1})$ (chemins "horizontaux" pour ce champ). On peut alors appliquer à cette situation presque sans changement l'étude classique des nappes d'holonomie d'une connexion (voir par exemple [28] a) :

$H_{(z^1_0)}$ est un sous-groupe de G (il suffit d'utiliser le fait que le champ d'éléments de contact est invariant à droite). En fait, ce "groupe d'holonomie" du champ est le même en tous les points de $E^{1[0]}_{(z^1_o)}$. De plus c'est un sous-groupe de LIE de G : en identifiant la fibre de E^1 en z^1_0 à G, la trace du champ $(D^1_{z^1})$ sur cette fibre détermine sur G un champ d'éléments de contact invariant à droite et complètement intégrable. Un tel champ correspond aux classes à droite d'un sous-groupe de LIE connexe de G et $H_{(z^1_0)}$ sera réunion dénombrable de telles classes. Enfin, en relevant localement les trajectoires d'un point par les sections locales de $\mathcal{L}(E^1)$, on construit des sections locales de E^1 à valeurs dans $E^{1[0]}_{(z^1_o)}$. Donc $E^{1[0]}_{(z^1_o)}$ est un sous-fibré principal de E^1 de groupe structural $H = H^1_{(z^1_o)}$. La H-structure ainsi obtenue est visiblement infinitésimalement transitive et $\mathcal{L}(E^1) = \mathcal{L}(E^{1[0]}_{(z^1_o)})$. D'où :

PROPOSITION 7 Si $E^1(V,G)$ est une G-structure infinitésimalement homogène sur la variété connexe V, il existe une H-structure $E^{1[0]}(V,H)$ <u>subordonnée à E^1</u> (c.a.d. que $E^{1[0]}$ est un H-sous-fibré principal de E^1) avec : $\mathcal{L}(E^1) = \mathcal{L}(E^{1[0]})$ <u>et</u> $E^{1[0]}$ connexe et infinitésimalement transitive.

On note que la sous-structure $E^{1[0]}$ obtenue (<u>réduction infinitésimalement transitive de</u> E^1) n'est pas unique. On obtient en fait une famille de <u>sous-structures conjuguées</u>, c.a.d. de sous-fibrés principaux de E^1 se déduisant l'un de l'autre par translation à droite.

CHAPITRE III - STRUCTURES D'ORDRE SUPERIEUR

III.1 DEFINITION ET MODELES ALGEBRIQUES

III.1.1. V étant une variété différentiable de dimension n et G_k un sous-groupe de LIE de $GL_{n,k}$, une G_k-structure sur V (structure infinitésimale principale d'ordre k) sera un sous-fibré principal $E^k(V,G_k)$ de $B^k(V)$ de groupe structural G_k. On notera encore θ^k et p^k les restrictions à E^k de θ^k et p^k (voir I.2.2 et I.2.4). La restriction de θ^k sera la forme fondamentale de la structure. Pour $k = 1$ on retrouve la notion de G-structure.

D'après I.2.2, $E^k(V,G_k)$ pourra être considéré comme un fibré de repères de $J^{k-1}T(V)$. Les fibrations principales :

$$B^k(V) \to B^{k-1}(V) \to \ldots \to B^1(V)$$

définissent à partir de E^k des structures d'ordre inférieur associées $E^{k-1},\ldots,E^1$. Le groupe structural G_ℓ de E (pour $\ell < k$) est l'image de G_k par la projection de $GL_{n,k}$ sur $GL_{n,\ell}$.

III.1.2. Pour $k > 1$, l'étude des formes fondamentales met en évidence un type particulier de structures infinitésimales principales d'ordre k. En effet, sur la structure $E^k(V, G_k)$, la forme fondamentale θ^k est à valeurs dans $\mathbb{R}^n_{k-1}$. En tout point $z^k \in E^k$ le noyau de θ^k est l'espace vertical pour la fibration $E^k \to E^{k-1}$. Donc l'image de θ^k en z^k est un sous-espace de $\mathbb{R}^n_{k-1}$ de dimension égale à celle de E^{k-1}. En général ce sous-espace dépend du point z^k. S'il est le même en tous les points de E^k, la structure sera dite de type régulier.

D'après (12), si E^k est de type régulier, les structures d'ordre inférieur associées seront aussi de type régulier.

Sur une structure E^k de type régulier, on pourra définir une forme fondamentale réduite θ^k_r à valeurs dans l'espace image $V_{k-1} \subset \mathbb{R}^n_{k-1}$ de la forme fondamentale.

II.1.3. Soit $E^k(V,G_k)$ une structure de type régulier. Pour la fibration principale $E^k \to E^{k-1}$ la forme fondamentale réduite θ_r^k est une 1-forme tensorielle à valeurs dans V_{k-1} en tout point de rang maximal. Par suite (II.1.1) E^k peut être regardé comme un fibré de repères (d'ordre 1) sur E^{k-1} et tout point $z^k \in E^k$ se projetant sur E^{k-1} en z^{k-1} définira un isomorphisme :

(25) $z^k : V_{k-1} \xrightarrow{\sim} T_{z^{k-1}}(E^{k-1})$

Comme $B^k(V)$ est un fibré de repères de $B^{k-1}(V)$ d'après I.3.3, on pourra encore considérer les points de E^k comme des repères (d'ordre 1) de $B^{k-1}(V)$ adaptés (au sens de I.4.1) à la sous-variété E^{k-1}, l'isomorphisme (25) étant induit par l'isomorphisme :

$$z^k : \mathbb{R}^n_{k-1} \xrightarrow{\sim} T_{z^{k-1}}(B^{k-1}(V)) \text{ défini par } \theta^k$$

On obtient ainsi une inclusion :

(26) $E^k \hookrightarrow B^1(E^{k-1})$

et θ_r^k est la forme fondamentale de E^k, considéré comme structure d'ordre 1 sur E^{k-1}.

On peut généraliser ce résultat :

PROPOSITION 8 Si $E^k(V,G_k)$ est une structure de type régulier et si $\ell < k$, E^k munie de sa forme fondamentale réduite θ_r^k peut être regardée comme une structure d'ordre $k-\ell$ sur E^ℓ munie de sa forme fondamentale réduite.

démonstration : en appliquant (26) à $E^{k-1}, E^{k-2}, \dots, E^\ell$ et par application répétée de la proposition 4 on voit que si $X^{k-1} = B^{k-1}(X)$ est un vecteur tangent en z^{k-1} à E^{k-1}, alors le jet d'ordre $(k-\ell-1)$ de $B^\ell(X)$ au point z^ℓ projection sur $B^\ell(V)$ sera adapté à E^ℓ au sens de I.4.2. Si z^k est un point de E^k au dessus de z^{k-1}, d'après I.3.3 c'est un repère d'ordre $(k-\ell)$ en z^ℓ. Il fera correspondre à V_{k-1} des $(k-\ell-1)$-jets de champs de vecteurs de $B^\ell(V)$ adaptés à E^ℓ. Ainsi z^k est un $(k-\ell)$-repère adapté à la sous-variété E^ℓ. Il définit donc un $(k-\ell)$-repère de E^ℓ auquel on peut l'identifier. D'où le résultat.

C.Q.F.D

On notera que quand on considère E^k comme fibré de repères sur E^ℓ, la "variété modèle" est l'élément de contact d'ordre $(k-\ell)$ dans $B^\ell(\mathbb{R}^n)$ défini par V_{k-1}.

III.1.4 Comme dans le cas des G-structures on peut interpréter la notion de structure infinitésimale principale d'ordre k en considérant les invariants du groupe structural : G_k étant un sous-groupe de LIE de $GL_{n,k}$, soit S_k une structure sur $\mathbb{R}^n_{k-1}$ invariante par l'action naturelle de G_k. Une structure de type S_k sur V sera la donnée pour tout $x \in V$ d'une structure S_{kx} sur $J^k_x T(V)$ avec la condition : il existe au voisinage de tout point de V une trivialisation locale de $J^kT(V)$ définie par une section locale de $B^k(V)$ et transportant la structure en chaque point sur la structure modèle S_k.

Il est clair que toute structure $E^k(V,G_k)$ définit une structure de type S_k sur V et que la réciproque est vraie si G_k est le sous-groupe de $GL_{n,k}$ formé de tous les automorphismes de S_k. Ceci étant, le modèle algébrique des structures infinitésimales principales d'ordre k et de groupe structural G_k sera fourni par l'espace $\mathbb{R}^n_{k-1}$ muni de la famille des bases qui se déduisent de la base naturelle par l'action du groupe G_k.

III.2 EXEMPLES

III.2.1 Soient G_k un sous-groupe de LIE de $GL_{n,k}$ et V une variété différentiable de dimension n. Un atlas différentiable $\mathcal{A} = (U_i, \varphi_i)_{i \in I}$ de V sera dit G_k-structuré si en chaque point de son domaine de définition, le k-jet d'un changement de carte quelconque :

$$(y^j, y^j_{j_1}, \dots, y^j_{j_1 \dots j_k})$$

est tel que l'élément $(y^j_{j_1}, \dots, y^j_{j_1 \dots j_k})$ de $GL_{n,k}$ associé (matrice jacobienne d'ordre k du changement de carte) appartient à G_k.

Si $\mathcal{A}$ est un atlas G_k-structuré, il définit une G_k-structure à savoir l'ensemble des k-repères aux différents points de V qui se déduisent du k-repère naturel de coordonnées locales d'une (et par suite de toute) carte de $\mathcal{A}$ par l'action à droite de G_k. On dit que l'atlas $\mathcal{A}$ est adapté à la G_k-structure.

Une structure d'ordre k $E^k(V,G_k)$ est dite plate si elle admet un atlas adapté. On peut dire encore que la structure est plate si, au voisinage de tout point de V, il existe une carte locale telle que le k-repère naturel associé appartienne en chaque point à E^k (coordonnées locales adaptées à la structure).

III.2.2. Citons quelques exemples simples de structures d'ordre k.

a - $G_k = GL_{n,k}$. Sur toute variété V il y a une G_k-structure unique, définie par le fibré $B^k(V)$. Elle est plate, tout atlas de V étant adapté à $B^k(V)$.

b - $G_k = \{e\}$. Une G_k-structure sera dite parallèlisme absolu d'ordre k. La structure d'ordre 1 associée est un parallèlisme ordinaire.

Par exemple, sur un groupe de LIE $\mathcal{G}$, en composant un k-repère à l'élément neutre avec les k-jets des translations à gauche de source l'élément neutre, on obtient une structure de ce type (champ de k-repères invariant à gauche sur $\mathcal{G}$) qui est plate si et seulement si l'algèbre de LIE de $\mathcal{G}$ est abélienne.

c - On a vu en I.3.3 que $B^{k+\ell}(V)$ est une structure infinitésimale principale d'ordre ℓ sur $B^k(V)$. Plus généralement, d'après la proposition 8, si $E^{k+\ell}$ est une structure infinitésimale d'ordre $(k+\ell)$ de type régulier, $E^{k+\ell}$ peut être considérée comme une structure d'ordre ℓ sur la structure E^k associée.

d - Si $V = \mathcal{G}/\mathcal{H}$ est l'espace homogène quotient du groupe de LIE $\mathcal{G}$ par le sous-groupe de LIE fermé $\mathcal{H}$, $\mathcal{G}$ opère sur V comme un groupe de difféomorphismes (voir par exemple [28]b). Soit z_o^k un k-repère arbitraire en un point x_o de V. En composant z_o^k avec les k-jets en x_o des difféomorphismes définis par l'action des éléments de G, on obtient une structure d'ordre k sur V qui sera dite associée à l'action de $\mathcal{G}$. On peut encore considérer cette structure comme une orbite de $\mathcal{G}$ opérant (après relèvement) dans $B^k(V)$.

e - Considérons sur $\mathbb{R}^n$ un sous-espace vectoriel R_o^k de l'espace des k-jets de fonctions numériques à l'origine, c.a.d. de l'espace des développements limités d'ordre k de fonctions.

Soit R^k un système homogène d'équations aux dérivées partielles linéaires à une fonction inconnue sur V. R^k sera dit de type R_o^k si pour tout $x \in V$ il existe un k-repère en x transportant R_o^k sur la fibre en x R_x^k de R^k. S'il en est ainsi, l'ensemble de ces repères forme une G_k-structure sur V, où G_k est le groupe des k-jets de source et but 0 dans $\mathbb{R}^n$ qui laissent invariant R_o^k. Réciproquement, toute G_k-structure sur V définira un système de type R_o^k.

III.2.3 Soit sur $\mathbb{R}^n$ une G-structure $E^1_o(\mathbb{R}^n,G)$. En prenant cette structure (en fait, son "germe à l'origine") comme modèle on peut construire pour tout k un "modèle algébrique d'ordre k" au sens de III.1.4. C'est le principe de la méthode de prolongement d'E. CARTAN.

Soit φ un difféomorphisme local de $\mathbb{R}^n$ respectant l'origine. Si z^1 est un point de E^1_o au dessus de l'origine, le $(k-1)$-jet de $B^1(\varphi)$ en z^1 est déterminé par $j^k_o\varphi$. Soit G_k le groupe des k-jets $j^k_o\varphi$ tels que $B^1(\varphi)$ établisse un contact d'ordre $k-1$ en $B^1(\varphi)(z^1)$ entre E^1_o et elle-même, c.a.d. tels que E^1_o et $B^1(\varphi)(E^1_o)$ aient un contact d'ordre $k-1$ en $B^1(\varphi)(z^1)$. On dira que G_k est le groupe des automorphismes à l'ordre $(k-1)$ à l'origine de la structure modèle E^1_o.

Soit $E^k(V,G_k)$ une G_k-structure sur une variété V. La donnée de cette structure sera équivalente à la donnée en tout point x de V d'un "$(k-1)$-jet de G-structure" équivalent au $(k-1)$-jet à l'origine de la structure modèle.

Sur la définition il est clair que la projection G_1 de G_k sur $GL_{n,1} = GL(n,\mathbb{R})$ est contenue dans G. Donc la structure d'ordre 1 associée à E^k définit, par agrandissement du groupe structural, une G-structure $E^1(V,G)$ sur V. Ainsi, en tout point x de V on a deux $(k-1)$-jets de G-structures, à savoir celui défini par E^k (point par point) et le $(k-1)$-jet de la structure E^1. Si ces deux $(k-1)$-jets coïncident en tout point, on dira que E^k est un "prolongement d'ordre $k-1$" de E^1. On pourra considérer que E^1 est équivalente à l'ordre k à la structure modèle E^1_o considérée à l'origine.

Dans la suite on présentera cette méthode de prolongement d'une autre manière, en se limitant au cas des modèles transitifs ("Γ-structures").

III.3. HOMOGENEITE ET TRANSITIVITE

III.3.1. Soient $E^k(V,G_k)$ et $E^{k'}(V',G_k)$ deux structures infinitésimales principales d'ordre k et de même groupe structural. Un morphisme de E^k sur $E^{k'}$ (ou équivalence globale) sera un difféomorphisme φ de V sur V' tel que :

(27) $\quad B^k(\varphi)(E^k) = E^{k'}$

Un morphisme local, ou équivalence locale, de E^k dans $E^{k'}$ sera un difféomorphisme local φ de V dans V' tel que $B^k(\varphi)$ transporte (localement) E^k dans $E^{k'}$.

En particulier, pour $E^k = E^{k'}$, on obtient les notions d'automorphisme local et global.

Si $\Gamma(E^k)$ est l'ensemble de tous les automorphismes locaux de $E^k(V,G_k)$, il est clair que c'est un pseudogroupe de transformations de V. La structure E^k est dite homogène si $\Gamma(E^k)$ est transitif sur V.

Soit de même $\Gamma^k(E^k)$ le pseudogroupe de transformations de E^k engendré par la famille $B^k(\Gamma(E^k))$ des relevés des automorphismes (locaux) de la structure. $\Gamma^k(E^k)$ est le "localisé" de $B^k(\Gamma(E^k))$, c.a.d. le pseudogroupe des difféomorphismes locaux de E^k qui sont localement des relevés d'automorphismes de la structure. La structure E^k est dite transitive si $\Gamma^k(E^k)$ est transitif sur E^k.

Il est clair que la transitivité entraîne l'homogénéité.

III.3.2. On a vu au paragraphe II.3.3 que toute G-structure plate est transitive. Montrons sur un exemple qu'il n'en est plus de même à l'ordre supérieur.

Soit $G_k = GL_n^{(k-1)}$ le noyau de la projection $GL_{n,k} \to GL_{n,k-1}$. Considérons une G_k-structure plate $E^k(V,G_k)$. Par exemple, on prendra

$V = \mathbb{R}^n$ et E^k définie par l'atlas réduit à la seule carte $(\mathbb{R}^n, 1\!\!1_{\mathbb{R}^n})$, qui est G_k-structuré quel que soit G_k (E^k est alors la "G_k-structure plate standard", voir chapitre IX).

Dans un atlas adapté à $E^k(V,G_k)$, la matrice jacobienne d'ordre k d'un changement de carte (voir III.2.1) doit être de la forme :

$$(\delta^j_{j_1}, 0, \ldots, 0, y^j_{j_1 \ldots j_k}) \quad \text{où} \quad (\delta^j_{j_1}) \text{ est la matrice identité.}$$

Donc un tel changement de carte est nécessairement une translation locale. Par suite le k-repère naturel de coordonnées locales défini par une carte de l'atlas est <u>indépendant de cette carte</u>. Il définit donc une section globale s^k de E^k.

Si φ est un automorphisme local de la structure, on voit par le même raisonnement que φ, en coordonnées locales adaptées, sera une translation. Donc $B^k(\varphi)$ laissera invariante la section s^k. Ce qui prouve que la structure ne peut être transitive.

Par contre, toute structure plate est homogène : en coordonnées locales adaptées, toute translation est en effet un automorphisme local de la structure.

<u>III.3.3. L'importance des structures</u> de type régulier (III.1.2) est soulignée par le résultat suivant : toute structure infinitésimale principale <u>transitive</u> est de type régulier.

Si en effet $E^k(V,G_k)$ est transitive, soient z^k et $z^{k'}$ deux points arbitraires de E^k. Il existe un automorphisme local φ de la structure tel que $B^k(\varphi)(z^k) = z^{k'}$. D'autre part, d'après (13) on aura :

$$B^k(\varphi)^* \theta^k = \theta^k$$

donc, pour tout vecteur X^k tangent à E^k en z^k :

$$\theta^k(X^k) = \theta^k(B^k(\varphi)'_{z^k}(X^k))$$

Or $B^k(\varphi)'_{z^k}(X^k)$ est tangent en $z^{k'}$ à E^k. Par suite l'espace tangent à E^k en z^k et l'espace tangent en $z^{k'}$ ont la même image par la forme fondamentale.

Soient maintenant $E^k(V,G_k)$ et $E^{k'}(V',G_k)$ <u>deux structures de type régulier</u>. On a défini (III.1.2) les formes fondamentales réduites de ces structures que nous noterons respectivement θ^k_{Vr} et $\theta^k_{V'r}$. Elles sont respectivement à valeurs dans V_{k-1} et V'_{k-1}.

On cherche à caractériser à l'aide de ces formes réduites les morphismes locaux de E^k dans $E^{k'}$. L'existence d'un tel morphisme local suppose d'abord, par le même raisonnement que ci-dessus, $V_{k-1} = V'_{k-1}$. <u>Supposons cette condition vérifiée</u>. On a alors :

PROPOSITION 9 Un difféomorphisme local φ^k de E^k dans $E^{k'}$ est (localement) de la forme $B^k(\varphi)$, où φ est un morphisme local de E^k dans $E^{k'}$, si et seulement si :

(28) $$\varphi^{k*}\theta^k_{V'r} = \theta^k_{Vr}$$

<u>démonstration</u> : la condition est visiblement nécessaire. On démontre qu'elle est suffisante par récurrence sur k.

- pour $k = 1$, $\theta^1_r = \theta^1$ et on retrouve la proposition 5.

- si le résultat est vrai jusqu'à l'ordre $k-1$, la condition (28) entraîne que φ^k est localement projetable en φ^{k-1}, difféomorphisme local de E^{k-1} dans $E^{k-1'}$. De plus, d'après (12), $\varphi^{k-1*}\theta^{k-1}_{V'r} = \theta^{k-1}_{Vr}$. Donc, par hypothèse de récurrence, on a localement $\varphi^{k-1} = B^{k-1}(\varphi)$.

Mais d'autre part d'après (26) E^k est une structure d'ordre 1 sur E^{k-1} de forme fondamentale θ^k_{Vr}, et de même pour $E^{k'}$. L'hypothèse (28) entraîne alors localement $\varphi^k = B^1(B^{k-1}(\varphi))$, et d'après (16) :

$$\varphi^k = B^k(\varphi)$$

C.Q.F.D.

III.4 HOMOGENEITE ET TRANSITIVITE INFINITESIMALES

III.4.1. Soit $E^k(V,G_k)$ une structure infinitésimale principale d'ordre k. Un automorphisme infinitésimal (local) de E^k est un champ de vecteurs différentiable local X sur V tel que $B^k(X)$ soit adapté au sous-fibré E^k de $B^k(V)$, c.à.d. tangent à E^k en chacun de ses points. $B^k(X)$ induit alors un champ sur E^k qui sera dit relevé de X dans E^k.

Cette condition est équivalente à la condition $\varphi_t \in \Gamma(E^k)$ pour tout t, où φ_t est le groupe local à un paramètre associé à X.

Supposons en particulier E^k de type régulier. Les relevés des automorphismes infinitésimaux de la structure peuvent alors être caractérisés localement à l'aide de la forme fondamentale réduite θ_r^k : soit X^k un champ de vecteurs différentiable local sur E^k. X^k sera (localement) le relevé dans E^k d'un automorphisme infinitésimal si et seulement si :

(29) $\mathcal{L}_{X^k} \theta_r^k = 0$

Cette caractérisation se déduit trivialement de la proposition 9 dont c'est la version infinitésimale.

III.4.2 Comme dans le cas des G-structures on vérifie que l'ensemble $\mathcal{L}(E^k)$ des germes d'automorphismes infinitésimaux locaux de E^k est un FAL sur V. De même, le faisceau $\mathcal{L}^k(E^k)$ des germes de relevés dans E^k d'automorphismes infinitésimaux est un FAL sur E^k d' "équation" (29).

E^k est infinitésimalement homogène si $\mathcal{L}(E^k)$ est transitif sur V, infinitésimalement transitive si $\mathcal{L}^k(E^k)$ est transitif sur E^k. La transitivité infinitésimale entraîne l'homogénéité infinitésimale. Comme à l'ordre 1 on démontre :

PROPOSITION 10 Si V est connexe et E^k infinitésimalement homogène, elle est homogène. Si E^k est connexe et infinitésimalement transitive, elle est transitive.

En particulier, compte tenu de III.3.2, on voit qu'<u>une structure d'ordre supérieur plate</u> n'est pas toujours infinitésimalement transitive ; par contre une telle structure <u>est toujours infinitésimalement homogène</u> : en coordonnées locales adaptées, les champs de vecteurs locaux dont les composantes sont constantes sont des automorphismes infinitésimaux de la structure.

<u>III.4.3. L'étude faite en II.4.5.</u> se généralise sans difficultés à l'ordre supérieur : soient V <u>connexe</u> et $E^k(V,G_k)$ <u>infinitésimalement homogène</u>. Le FAL$\mathcal{L}^k(E^k)$ définit sur E^k un champ d'éléments de contact invariant à droite et complètement intégrable. Une variété intégrale de ce champ sera un sous-fibré principal $E^{k[0]}$ de E^k. On obtiendra ainsi la généralisation à l'ordre supérieur de la proposition 7 :

PROPOSITION 11 Si E^k est une structure infinitésimale principale d'ordre k infinitésimalement homogène sur la variété connexe V, il existe un sous-groupe de LIE H_k de G_k et une H_k-structure $E^{k[0]}(V,H_k)$ subordonnée à E^k telle que :

$\mathcal{L}(E^k) = \mathcal{L}(E^{k[0]})$ et $E^{k[0]}$ connexe et infinitésimalement transitive.

En fait on obtient une famille de <u>sous-structures conjuguées</u> de E^k, c.a.d. de sous-fibrés se déduisant l'un de l'autre par translation à droite. $E^{k[0]}$ est une <u>réduction infinitésimalement transitive</u> de E^k.

<u>III.4.4. E^k étant une structure infinitésimalement homogène</u> sur V, la construction précédente permet de définir des structures infinitésimalements transitives connexes d'ordre $\geq k$ ayant le même faisceau de germes d'automorphismes infinitésimaux.

Pour $\ell \geq 0$, soit $\bar{E}^{k+\ell}$ la préimage de E^k par la projection $B^{k+\ell}(V) \to B^k(V)$.

Soit $E^{k[\ell]}$ une réduction infinitésimalement transitive de $\bar{E}^{k+\ell}$. On pourra choisir ces réductions de façon qu'elles se projettent l'une sur l'autre. On obtient ainsi une suite infinie :

$$\ldots \to E^{k[\ell]} \to \ldots \to E^{k[1]} \to E^{k[0]}$$

de structures infinitésimalement transitives connexes, avec $E^{k[0]} \subset E^{k}$. On appellera $E^{k[\ell]}$ <u>prolongement infinitésimalement transitif d'ordre ℓ</u> de E^{k}. $\mathcal{L}(E^{k})$ sera le faisceau des automorphismes infinitésimaux (simultanés) des structures de la suite.

A chaque étape le prolongement est défini à conjugaison près dans la préimage du prolongement précédent.

CHAPITRE IV PSEUDOGROUPES ET Γ-STRUCTURES

IV.1 PSEUDOGROUPES DE LIE TRANSITIFS

IV 1.1. En appliquant les résultats de III.4.4 au cas d'une structure infinitésimalement transitive connexe, on obtient une suite :

$$\dots \to E^{k[p]} \to \dots \to E^{k[1]} \to E^{k[0]} = E^k$$

de structures infinitésimalement transitives connexes se projetant l'une sur l'autre et ayant toutes pour faisceau de germes d'automorphismes infinitésimaux $\mathcal{L}(E^k)$. On remarque d'ailleurs que l'on peut complèter cette suite vers la droite à l'aide des structures d'ordre inférieur à E^k. Pour $\ell < k$, on aura visiblement :

$$\mathcal{L}(E^\ell) \supset \mathcal{L}(E^k)$$

$E^{\ell+1} \subset E^{\ell[1]}$, c.a.d. que la structure $E^{\ell+1}$ est contenue dans un prolongement d'ordre 1 de E^ℓ.

Notons que l'on a : $\Gamma(E^{\ell+1}) \subset \Gamma(E^\ell)$ pour $\ell < k$

$\Gamma(E^{k[p+1]}) \subset \Gamma(E^{k[p]})$ pour $p \in \mathbb{N}$,

Soit Γ l'intersection de tous les pseudogroupes $\Gamma(E^{k[p]})$. On notera $\Gamma^\ell (\ell < k)$ le pseudogroupe engendré sur E^ℓ par les relèvements des éléments de Γ, Γ^{k+p} celui engendré sur $E^{k[p]}$ par les relèvements des éléments de Γ.

Comme Γ contient le pseudogroupe $P(\mathcal{L})$ engendré par le FAL $\mathcal{L} = \mathcal{L}(E^k)$, Γ est transitif sur V et Γ^{k+p} est transitif sur $E^{k[p]}$ pour tout p.

En résumé, on a obtenu une suite de structures infinitésimalement transitives connexes :

$$\dots \to E^{k+p} \to \dots \to E^k \to \dots \to E^1$$

se projetant l'une sur l'autre, avec $E^{\ell+1} = E^{\ell[1]}$ pour $\ell \geq k$, et telles que si $\mathcal{L}$ est le faisceau des germes d'automorphismes infinitésimaux,

Γ le pseudogroupe des automorphismes locaux de toutes les structures de la suite (simultanément) alors pour tout ℓ les relevés Γ^{ℓ} et $\mathcal{L}^{\ell}$ de Γ et $\mathcal{L}$ sur la structure E^{ℓ} sont transitifs (sur E^{ℓ}).

IV.1.2. A priori, on peut généraliser la situation précédente (en réalité on verra que, mis à part les considérations de connexité, la généralisation est illusoire). Soit

$$\ldots \to E^{k+1} \to E^{k} \to \ldots \to E^{1}$$

une suite de structures de tous ordres se projetant l'une sur l'autre.

Posons :

$$\mathcal{L} = \bigcap_k \mathcal{L}(E^k) \quad \text{et} \quad \Gamma = \bigcap_k \Gamma(E^k)$$

et notons respectivement $\mathcal{L}^k$ et Γ^k le FAL et le pseudogroupe définis sur E^k par relèvement à partir de $\mathcal{L}$ et Γ.

DEFINITION 1. Si pour tout k $\mathcal{L}^k$ et Γ^k sont transitifs sur E^k, Γ est dit pseudogroupe de LIE régulier transitif (PLT) sur V. $\mathcal{L}$ est dite pseudoalgèbre de LIE (PAL) de Γ. La suite de structures $(E^k)_{k\in\mathbb{N}}$ est dite suite de définition de Γ.

Notons qu'il n'y a pas unicité de la suite de définition pour un PLT donné. Choisissons en effet pour tout k $\gamma^k \in GL_{n,k}$ avec la seule condition que γ^k se projette en γ^{k-1} par la projection de $GL_{n,k}$ sur $GL_{n,k-1}$. Si l'on pose alors $E'^k = R_{\gamma^k}(E^k)$, on obtient une nouvelle suite de définition (E'^k) de Γ. En fait, on voit que les suites de définition d'un même PLT se déduisent l'une de l'autre par conjugaison.

IV.1.3. Soient V une variété connexe, Γ un PLT sur V, $\mathcal{L}$ sa PAL, (E^k) une suite de définition de Γ.

Choisissons dans E^1 une composante connexe E^1_o, dans E^2 une composante connexe E^2_o au dessus de E^1_o etc... On obtient ainsi une suite (E^k_o) de structures infinitésimalement transitives connexes se projetant l'une sur l'autre. Il est clair que $\mathcal{L}$ est le faisceau des germes d'automorphismes infinitésimaux (simultanés) de toutes ces structures. (E_o^k) est la suite de définition d'un PLT Γ_o. Γ_o est dit <u>PLT connexe associé à Γ</u>. $\mathcal{L}$ est la PAL de Γ_o.

D'après III.4.4. on a pour tout k :

(30) $E_o^{k+1} \subset E_o^{k[1]}$, c.a.d. que E_o^{k+1} est contenue dans <u>un</u> prolongement d'ordre 1 de E_o^k.

DEFINITION 2 Si $E_o^{k_o} \neq E_o^{k_o-1[1]}$ et si pour $k \geq k_o$ $E_o^{k+1} = E_o^{k[1]}$, on dit que la PAL $\mathcal{L}$ est <u>d'ordre k_o</u>.

Notons encore que pour que $\mathcal{L}$ soit d'ordre k_o il faut et il suffit que :

(31) $\mathcal{L} = \mathcal{L}(E^{k_o}) \neq \mathcal{L}(E^{k_o-1})$

<u>IV.1.4. La notion de PLT</u> sur une variété V généralise celle de <u>groupe de LIE transitif de transformations</u> de V en le sens suivant : soit $\mathcal{G}$ un groupe de LIE opérant différentiablement et transitivement sur V. On suppose de plus que l'action de $\mathcal{G}$ est <u>effective</u> (voir [28] b) : le seul élément g de $\mathcal{G}$ tel que $g.x = x$ pour tout $x \in V$ est l'élément neutre e de $\mathcal{G}$.

Si λ est un élément de l'algèbre de LIE $\mathfrak{G}$ de $\mathcal{G}$, λ définit un champ de vecteurs X_λ sur V, à savoir la transformation infinitésimale associée au groupe à un paramètre $\exp t\lambda$ de transformations de V.

$\mathcal{H}$ étant le groupe d'isotropie de $x_o \in V$, l'application $g \to g.x_o$ de $\mathcal{G}$ sur V permet d'identifier V à l'espace homogène $\mathcal{G}/\mathcal{H}$. Pour simplifier, supposons $\mathcal{G}$ <u>connexe</u>. D'après III.2.2.d, en choisissant $z_o^k \in B^k(V)$ au-dessus de x_o, on peut définir une structure d'ordre k, $E^k(V,H_k)$, orbite de $\mathcal{G}$ dans $B^k(V)$ contenant z_o^k. Si l'on impose aux points z_o^k de se projeter l'un sur l'autre, on obtient ainsi une suite infinie (E^k) de structures.

Les champs de vecteurs $B^k(X_\lambda)$ sont adaptés à E^k pour tout k et forment une algèbre de LIE transitive de champs de vecteurs (globaux) sur E^k. Par suite le faisceau $\mathcal{L}$ des germes d'automorphismes infinitésimaux (simultanés) des structures E^k contient le faisceau des germes de champs de vecteurs X_λ, et de plus $\mathcal{L}^k$ est transitif sur E^k pour tout k. Par suite (E^k) est la suite de définition d'un PLT Γ de PAL $\mathcal{L}$.

Pour des raisons évidentes de dimension il existe un k_o tel que $E^{k_o+1} \to E^{k_o}$ soit une fibration à fibre discrète. $E^{k+1} \subset B^1(E^k)$ définit alors <u>localement</u> un parallélisme absolu transitif sur E^k. Pour l'action relevée de $\mathcal{G}$ sur E^k ce parallélisme est invariant. S'il est défini (localement) par des champs de vecteurs $Y_1^k, \dots, Y_m^k$ on aura donc :

$[Y_i^k, B^k(X_\lambda)] = 0$ pour tout i et pour tout $\lambda \in \mathcal{G}$

Si $B^k(X_\lambda)$ est nul au point z_o^k, il sera nul au voisinage de ce point, étant invariant par les groupes locaux à un paramètre associés aux champs Y_i^k. Donc, si $B^k(X_\lambda)_{z_o^k} = 0$, X_λ est nul au voisinage de x_o, d'où $\lambda = 0$ car $\mathcal{G}$ opère effectivement sur V. Par suite, les champs de vecteurs $B^k(X_{\lambda_i})$ associés à une base $(\lambda_1, \dots, \lambda_m)$ de $\mathcal{G}$ définissent un parallélisme sur E^k.

De plus, par le même raisonnement, si X^k est le relevé dans E^k d'un automorphisme infinitésimal (simultané) de la suite de structures et si $X^k_{z_o^k} = 0$, alors X^k est nul au voisinage de z_o^k. On en déduit que les seuls germes dans $\mathcal{L}^k$ sont les germes des champs $B^k(X_\lambda)$. Donc <u>$\mathcal{L}$ est le faisceau des germes des champs</u> X_λ pour $\lambda \in \mathcal{G}$

De même, si φ^k est un élément de Γ^k, il respectera le parallélisme (local) défini par E^{k+1} sur E^k. Si $\varphi^k(z_o^k) = z_o^k$, φ^k coïncidera avec l'identité au voisinage de z_o^k. On en déduit que <u>localement</u>, tout $\varphi \in \Gamma$

coïncide avec l'action d'un élément de $\mathcal{G}$. Ainsi <u>Γ est le localisé $\mathcal{G}_{loc}$ du groupe de transformations $\mathcal{G}$</u>, c.a.d. le pseudogroupe engendré par les transformations de V appartenant à $\mathcal{G}$.

<u>En résumé</u>, si $\mathcal{G}$ opère différentiablement, transitivement et effectivement sur V, <u>le pseudogroupe localisé $\mathcal{G}_{loc}$ est un PLT ayant pour PAL le faisceau des germes des champs X_λ pour $\lambda \in \mathfrak{g}$.</u>

IV.2. ALGEBRE FORMELLE D'UN PLT

<u>IV.2.1. Soit (E^k)</u> une suite de définition de Γ. Pour tout k la structure E^k est transitive, donc <u>de type régulier</u>. Soit $V_{k-1} \subset \mathbb{R}^n_{k-1}$ l'espace où la forme fondamentale réduite θ^k_r de E^k prend ses valeurs. La projection de V_{k-1} sur $\mathbb{R}^n_{k-2}$ est V_{k-2}. On obtient ainsi une suite :

$$\dots \to V_{k-1} \to \dots \to V_0 = \mathbb{R}^n$$

d'espaces se projetant l'un sur l'autre. Notons L la <u>limite projective</u> de cette suite. $D(\mathbb{R}^n)$, limite projective de la suite $(\mathbb{R}^n_{k-1})$, peut être considéré comme l'espace des jets d'ordre infini de champs de vecteurs à l'origine de $\mathbb{R}^n$ (<u>champs de vecteurs formels</u> sur $\mathbb{R}^n$), c.a.d. des séries de TAYLOR à l'origine de champs de vecteurs. L est l'espace des séries de TAYLOR dont, pour tout k, le développement limité d'ordre k appartient à V_k.

Choisissons une suite de points $z^k \in E^k$ tels que z^k se projette en z^{k-1} sur E^{k-1}. Soit $x = p^k(z^k)$. La suite (z^k) représente un jet infini de $\mathbb{R}^n$ dans V de source 0 et but x (<u>repère formel</u> en x appartenant à la suite de structures). On notera z^∞ ce jet d'ordre infini. On peut toujours trouver un difféomorphisme local φ de $\mathbb{R}^n$ dans V tel que $z^\infty = j^\infty_0 \varphi$.

Pour tout $\lambda^k \in V_k$ il existe $X^{k+1} \in T_{z^{k+1}}(E^{k+1})$ tel que $\theta^{k+1}_r(X^{k+1}) = \lambda^k$.

X^{k+1} est le relevé en z^{k+1} d'un champ de vecteurs X, section locale de $\mathcal{L}$ (Γ-champ de vecteur). On aura alors :

$$\lambda^k = j_o^k(\bar{\varphi}^1{}'(X))$$

Ainsi le repère formel z^∞ fait correspondre aux k-jets en x de Γ-champs de vecteurs l'espace V_k. Si l'on appelle Γ-champ formel en x un jet d'ordre infini en x de champ de vecteurs dont, pour tout k, le jet d'ordre k coïncide avec un jet d'ordre k de Γ-champ, on voit que le repère formel z^∞ fait correspondre aux Γ-champs formels en x le sous-espace L de $D(\mathbb{R}^n)$.

Le crochet des champs de vecteurs induit sur $D(\mathbb{R}^n)$ un crochet d'algèbre de LIE. Comme le crochet de deux Γ-champs est un Γ-champ, les Γ-champs formels en x forment une sous-algèbre de LIE L_x des champs formels D_x en x, et z^∞ définit un isomorphisme entre L_x et L. Donc L est une sous-algèbre de LIE de $D(\mathbb{R}^n)$.

DEFINITION 3 L est l'algèbre formelle de Γ associée à la suite de définition (E^k).

Si l'on remplace la suite de définition (E^k) par une autre, la nouvelle suite de définition (E'^k) se déduit de la première par l'action à droite d'un élément γ^∞ du groupe $GL_{n,\infty}$ des repères formels à l'origine de $\mathbb{R}^n$. L est alors remplacée par son image L' par l'action de γ^∞ sur $D(\mathbb{R}^n)$. On dira que L' est conjuguée de L par l'action de γ^∞.

REMARQUE Il est important de noter que si $\tilde{L}$ est le sous-espace de $D(\mathbb{R}^n)$ défini par l'ensemble des $j_o^\infty(\bar{\varphi}^1{}'(X))$ où X est un Γ-champ arbitraire et $z^\infty = j_o^\infty \varphi$ un repère formel en x, on a $\tilde{L} \subset L$, l'inclusion étant stricte dans certains cas.

Par exemple, si Γ est le pseudogroupe des transformations holomorphes de $\mathbb{R}^n = \mathbb{C}^m$, les Γ-champs formels à l'origine sont définis par des séries formelles complexes arbitraires et les jets infinis de Γ-champs par des séries convergentes.

IV.2.2. Soit L_k le noyau de la projection $L \to V_k$.

Un repère formel z^∞ permet d'identifier L_k à l'espace L_{xk} des Γ-champs formels en x qui sont nuls à l'ordre k. On obtient ainsi une filtration :

(32) $L \supset L_0 \supset \ldots \supset L_k \supset \ldots$

De plus, comme le crochet d'un champ nul à l'ordre k en x avec un champ nul à l'ordre ℓ en x est nul à l'ordre $k+\ell$ en ce point, les L_k sont des sous-algèbres de L avec :

(33) $[L_k, L_\ell] \subset L_{k+\ell}$

qui est encore vrai, en posant $L_{-1} = L$, pour k,ℓ et $k+\ell \geq -1$.

Posons :

(34) $g_L^k = L_k / L_{k+1}$ et $g_L^{-1} = \mathbb{R}^n$

g_L^k s'identifie à un espace de parties principales de champs de vecteurs nuls à l'ordre k à l'origine de $\mathbb{R}^n$. On peut donc le considérer comme un sous-espace de l'espace $\mathbb{R}^n \otimes S^{k+1}(\mathbb{R}^{n*})$ de toutes ces parties principales.

g_L^k est également isomorphe au noyau de la projection $V_{k+1} \to V_k$. A l'aide d'un repère formel adapté z^∞ en x, V_{k+1} s'identifie à l'espace tangent à E^{k+1} en z^{k+1} et V_k à l'espace tangent à E^k en z^k. g_L^k se trouve ainsi identifié à l'espace vertical en z^{k+1} pour la fibration $E^{k+1} \to E^k$. Cette identification correspond au fait que $\mathbb{R}^n \otimes S^{k+1}(\mathbb{R}^{n*})$ est l'algèbre de LIE $g\ell_n^{(k)}$ du groupe $GL_n^{(k)}$ noyau de la projection $GL_{n,k+1} \to GL_{n,k}$.

En représentant les éléments de $\mathbb{R}^n \otimes S^{k+1}(\mathbb{R}^{n*})$ comme des champs de vecteurs (formels) polynomiaux homogènes de degré $k+1$, g_L^k devient un sous-espace de $D(\mathbb{R}^n)$. Le crochet sur $D(\mathbb{R}^n)$ induit alors un crochet :

$$[\mathbb{R}^n \otimes S^{k+1}(\mathbb{R}^{n*}), \mathbb{R}^n \otimes S^{\ell+1}(\mathbb{R}^{n*})] \subset \mathbb{R}^n \otimes S^{k+\ell+1}(\mathbb{R}^{n*})$$

et la relation (33) entraîne pour ce crochet :

(35) $[g_L^k, g_L^\ell] \subset g_L^{k+\ell}$ pour $k, \ell, k+\ell \geq -1$

Posons en particulier, pour $k \geq 0$:

(36) $g_L^{k(1)} = (g_L^k \otimes \mathbb{R}^{n*}) \cap (\mathbb{R}^n \otimes S^{k+2}(\mathbb{R}^{n*}))$ et $g_L^{k(p+1)} = g_L^{k(p)(1)}$

La relation (35), si l'on prend $\ell = -1$, se traduit alors par :

(37) $g_L^k \subset g_L^{k-1(1)}$

DEFINITION 4 Si $g_L^{k_o-1} \neq g_L^{k_o-2(1)}$ et si pour tout $k \geq k_o-1$ on a $g_L^{k+1} = g_L^{k(1)}$ on dit que l'algèbre formelle L est <u>d'ordre k_o</u>.

<u>IV.2.3 $D(\mathbb{R}^n)$ peut être considéré</u> comme l'algèbre formelle du PLT Diff(V) de tous les difféomorphismes locaux de V. Il s'identifie au produit direct, noté additivement :

$$\mathbb{R}^n + (\mathbb{R}^n \otimes \mathbb{R}^{n*}) + \ldots + (\mathbb{R}^n \otimes S^{k+1}(\mathbb{R}^{n*})) + \ldots$$

muni du crochet défini au paragraphe précédent.

Considérons le sous-espace gradué :

$$gr(L) = \mathbb{R}^n + g_L^o + g_L^1 + \ldots + g_L^k + \ldots$$

D'après (35) c'est une sous-algèbre de LIE de $D(\mathbb{R}^n)$ qu'on appelle <u>algèbre graduée associée à L</u>. Si $L = gr(L)$ on dit que <u>L est plate graduée</u>.

Si L contient le sous-espace $\mathbb{R}^n$ de $D(\mathbb{R}^n)$, c.a.d. les champs de vecteurs formels définis par les translations infinitésimales, on dira que <u>L est plate</u>. A noter que cette terminologie diffère un peu de la terminologie classique (par exemple [41]) dans laquelle "plat" correspond à ce que nous appelons ici "plat gradué".

<u>IV.2.4 Reprenons le cas</u>, traité en IV.1.4, du PLT $\mathcal{G}_{loc}$ obtenu en localisant un groupe transitif effectif de transformations de V.

La PAL associée étant formée des germes de champs X_λ, pour $\lambda \in \mathcal{G}$, en un point x de V on aura une application de $\mathcal{G}$ dans l'espace L_x des Γ-champs formels en x ($\mathcal{G}_{loc} = \Gamma$). On vérifie immédiatement que c'est un isomorphisme, en utilisant le fait que pour k assez grand la forme fondamentale en un point de E^k induit un isomorphisme de $\mathcal{G}$ sur V_{k-1} (voir IV.1.4). Ainsi, dans ce cas, l'algèbre formelle L est <u>de dimension finie</u> et isomorphe à $\mathcal{G}$. Plus généralement, si l'algèbre formelle d'un pseudogroupe de LIE infinitésimal transitif Γ est de dimension finie, on dira que <u>Γ est de type fini</u>.

On voit que <u>l'algèbre formelle</u> d'un PLT <u>est une généralisation naturelle de l'algèbre de LIE d'un groupe de LIE</u> de transformations, opérant transitivement et effectivement sur V.

IV.3 ETUDE DE L'ORDRE de la PAL d'un PLT ; ORDRE d'un PLT.

<u>IV.3.1 On va interpréter</u> l'ordre de l'algèbre formelle L d'un PLT Γ comme l'ordre d'un certain système homogène d'équations aux dérivées partielles linéaires.

Soit $X = \sum_{j=1}^{n} X^j(x) \dfrac{\partial}{\partial x^j}$ un champ de vecteurs différentiable sur $\mathbb{R}^n$.

En un point $x \in \mathbb{R}^n$, les dérivées partielles d'ordre $k+1$:

$$\frac{\partial^{k+1} X^j}{\partial x^{i_1} \ldots \partial x^{i_{k+1}}}(x)$$

déterminant un élément $D_x^{k+1} X$ de $\mathbb{R}^n \otimes S^{k+1}(\mathbb{R}^{n*})$.

Ceci étant, les conditions :

(38) $\quad D_x^{k+1} X \in g_L^k$ pour tout $x \in \mathbb{R}^n$ et pour tout $k \in \mathbb{N}$ déterminent un système homogène d'équations aux dérivées partielles linéaires à coefficients constants comportant <u>une infinité d'équations</u>. On interprètera au chapitre IX ce système comme définissant la PAL d'un certain PLT.

Si nous dérivons la condition $D_x^{k+1}X \in g_L^k$ par rapport à une variable, nous obtenons une condition portant sur $D_x^{k+2}X$. L'ensemble des conditions obtenues en dérivant une fois est équivalent à :

(39) $D_x^{k+2}X \in g_L^{k(1)}$ pour tout $x \in \mathbb{R}^n$ et pour tout $k \in \mathbb{N}$

On obtient ainsi un nouveau système d'équations à partir du système initial. Les conditions (37) signifient que le système (39) est une conséquence de (38). Autrement dit les équations obtenues par dérivation à partir de (38) font automatiquement partie de ce système. On dira que (38) est un système complet.

Dire que L est d'ordre k_o signifiera alors que le système (38) est d'ordre k_o, c.a.d. que k_o est le plus petit entier pour lequel (38) puisse être obtenu en complétant par dérivations le système d'équations d'ordre $\leq k_o$.

A priori il n'est pas évident qu'un tel entier existe, c.a.d. que (38) soit d'ordre fini. On va prouver au paragraphe suivant qu'il en est bien ainsi.

IV.3.2. L'équation : $D_x^{k+1}X \in g_L^k$ signifie que $D_x^{k+1}X$ appartient au sous-espace g_L^k de $\mathbb{R}^n \otimes S^{k+1}(\mathbb{R}^{n*})$. Soit $\bar{g}_L^k$ l'ensemble des éléments de l'espace dual $\mathbb{R}^{n*} \otimes S^{k+1}(\mathbb{R}^n)$ qui s'annulent sur g_L^k. $\bar{g}_L^k$ est l'espace des équations linéaires de g_L^k dans $\mathbb{R}^n \otimes S^{k+1}(\mathbb{R}^{n*})$. On peut aussi regarder $\bar{g}_L^k$ comme l'espace des équations aux dérivées partielles à coefficients constants portant sur les fonctions inconnues $X^j(x)$ et qui résultent de la condition $D_x^{k+1}X \in g_L^k$.

L'application naturelle $\mathbb{R}^{n*} \otimes S^{k+1}(\mathbb{R}^n) \otimes \mathbb{R}^n \to \mathbb{R}^{n*} \otimes S^{k+2}(\mathbb{R}^n)$ correspond à la dérivation des équations d'ordre k+1. Le fait que le système (38) est complet se traduit alors par le fait que l'application précédente envoie $\bar{g}_L^k \otimes \mathbb{R}^n$ dans $\bar{g}_L^{k+1}$. Donc, si l'on considère dans

$\mathbb{R}^{n*} \otimes S(\mathbb{R}^n)$ le sous-espace :

(40) $M_L = \bar{g}_L^{0} + \bar{g}_L^{1} + \ldots + \bar{g}_L^{k} + \ldots$

c'est un <u>sous-module gradué</u> du $S(\mathbb{R}^n)$-module $\mathbb{R}^{n*} \otimes S(\mathbb{R}^n)$.

En vertu du classique THEOREME DES BASES de HILBERT relatif aux modules NOETHERIENS gradués, M_L admet un système fini de générateurs homogènes. Si k est le plus grand des degrés des éléments d'un tel système, ceci veut dire que (38) s'obtient en complétant par dérivations le système d'ordre k. Donc :

PROPOSITION 12 Si L est l'algèbre formelle d'un PLT associée à une suite de définition de Γ, il existe un nombre k_0 tel que L est d'ordre k_0.

<u>IV.3.3 On vient de démontrer</u> que l'algèbre formelle L de Γ est d'ordre fini. On en déduit un résultat analogue pour la PAL $\mathcal{L}$ de Γ.

PROPOSITION 13 Si $\mathcal{L}$ est la PAL du PLT Γ, il existe un entier ℓ_0 tel que $\mathcal{L}$ est d'ordre ℓ_0.

<u>démonstration</u> : soit L l'algèbre formelle de Γ associée à la suite de définition (E^k). Soit k_0 l'ordre de L. On note (E_0^k) une suite de définition du PLT connexe Γ_0 associé à Γ.

Soit Γ_0' le PLT ayant pour suite de définition :

$$\ldots \rightarrow E_0^{k_0[p]} \rightarrow \ldots \rightarrow E_0^{k_0} \rightarrow \ldots \rightarrow E_0^{1}$$

où $E_0^{k_0[p]}$ est le prolongement infinitésimalement transitif de $E_0^{k_0[p-1]}$ contenant $E_0^{k_0+p}$.

Comme la structure d'ordre k_0 est la même dans la suite de définition de Γ_0 et dans celle de Γ_0', si L' est l'algèbre formelle de Γ_0'

associée à la suite $(E_o^{k_o[p]})$ on a :

$$g_L^{k_o-1} = g_{L'}^{k_o-1}$$

d'où $g_L^{k_o-1(1)} = g_L^{k_o} \subset g_{L'}^{k_o} \subset g_{L'}^{k_o-1(1)} = g_L^{k_o-1(1)}$

donc $g_L^{k_o} = g_{L'}^{k_o}$ et de même par récurrence $g_L^k = g_{L'}^k$ pour tout k.

Par suite $E_o^{k_o[p]}$ et $E_o^{k_o+p}$ ont même dimension pour tout p. Comme $E_o^{k_o[p]}$ est connexe, ces fibrés coïncident donc $\mathcal{L}$ est d'ordre $\leq k_o$

C.Q.F.D.

On notera qu'on a démontré en fait ordre$(\mathcal{L}) \leq$ ordre (L)

IV.3.4 Soit encore Γ un PLT sur V de suite de définition (E^k). On notera encore k_o l'ordre de L. Avec les notations précédentes, si $V_k = L/L_k$, le groupe structural G_{k+1} de E^{k+1}, considéré comme sous-groupe de $GL(\mathbb{R}_k^n)$, laisse invariant V_k.

Soit $\widetilde{G}_k$ la préimage de G_k par la projection $GL_{n,k+1} \to GL_{n,k}$. Si $G_{k(1)}$ est le sous-groupe de $\widetilde{G}_k$ qui laisse V_k invariant, on dira que $G_{k(1)}$ est le prolongement d'ordre 1 de G_k. Comme le noyau de $GL_{n,k+1} \to GL_{n,k}$ est un groupe abélien vectoriel il en est de même du noyau de la projection de $G_{k(1)}$ sur G_k. On a enfin visiblement $G_{k+1} \subset G_{k(1)}$.

Notons $E^{k(1)}$ l'ensemble des points de $B^{k+1}(V)$ se projetant sur E^k et tels que en ces points la forme fondamentale en restriction au dessus de E^k soit à valeur dans V_k. Il est clair que $E^{k(1)}$ est un $G_{k(1)}$-fibré principal sur V contenant E^{k+1}. On dira que $E^{k(1)}$ est le prolongement formellement transitif d'ordre 1 de E^k.

Il est immédiat de vérifier que $E^{k(1)} \supset E^{k[1]}$, cette dernière structure étant de type régulier.

Il est naturel, par analogie avec la DEFINITION 2, de poser :

DEFINITION 2 bis Γ est d'ordre ℓ_1 si ℓ_1 est le plus petit entier ℓ à partir duquel $E^{\ell+1} = E^{\ell(1)}$.

Ceci étant, on a l'analogue de la proposition 13 :

PROPOSITION 13 bis Il existe un entier ℓ_1 tel que le PLT Γ est d'ordre ℓ_1.

<u>démonstration</u> : avec les notations précédentes, soient $\mathcal{G}_k, \mathcal{G}_{k+1}$ et $\mathcal{G}_{k(1)}$ les algèbres de LIE respectives de G_k, G_{k+1} et $G_{k(1)}$, avec $k \geq k_o$ (ordre de L).

Le noyau de la projection $\mathcal{G}_{k(1)} \to \mathcal{G}_k$ est la sous-algèbre de $g\ell_n^{(k)}$ qui laisse V_k invariant. Ce noyau coïncide donc avec $g_L^{k-1(1)}$. L'hypothèse $k \geq k_o$ entraîne donc qu'on a une suite exacte :

$$0 \to g_L^k \to \mathcal{G}_{k(1)} \to \mathcal{G}_k \to 0$$

Mais on a aussi la suite exacte :

$$0 \to g_L^k \to \mathcal{G}_{k+1} \to \mathcal{G}_k \to 0$$

d'où, comme $\mathcal{G}_{k+1} \subset \mathcal{G}_{k(1)}$, l'égalité $\mathcal{G}_{k+1} = \mathcal{G}_{k(1)}$. Mais de plus, le noyau de la projection $G_{k(1)} \to G_k$ étant vectoriel coïncidera avec celui de la projection $G_{k+1} \to G_k$. D'où $G_{k+1} = G_{k(1)}$ et par suite $E^{k+1} = E^{k(1)}$.

C.Q.F.D.

On notera d'ailleurs que si Γ est d'ordre ℓ_1 on a nécessairement $\Gamma = \Gamma(E^{\ell_1})$.

<u>IV.4. Γ-STRUCTURES</u>

<u>IV.4.1. Soient M une variété différentiable</u> de dimension n qui servira de "modèle", Γ_M un PLT sur M de PAL $\mathcal{L}_M$. On utilisera une suite de définition (E_M^k) de Γ_M. L sera l'algèbre formelle associée à la suite de définition, k_o l'ordre de $\mathcal{L}_M$.

Si V est une autre variété de dimension n, <u>un Γ_M-atlas</u> sur V sera une famille $(U_i,\varphi_i)_{i\in I}$ de couples où $(U_i)_{i\in I}$ forme un recouvrement ouvert de V et où $\forall i \in I$ φ_i est un difféomorphisme de U_i sur un ouvert Ω_i de M, avec la condition :

(41) Pour tout couple (i,j) tel que $U_i \cap U_j \neq \phi$ le difféomorphisme :

$$\varphi_j \circ \bar{\varphi}_i^{1} : \varphi_i(U_i \cap U_j) \to \varphi_j(U_i \cap U_j)$$

appartient à Γ_M

Suivant la terminologie usuelle on dira que deux Γ_M-atlas $\mathcal{A}$ et $\mathcal{A}'$ sur V sont équivalents si leur réunion est encore un Γ_M-atlas.

Un Γ_M-atlas sera <u>maximal</u> s'il contient toutes les cartes de tous les atlas qui lui sont équivalents. Notons $\hat{\mathcal{A}}$ le Γ_M-atlas maximal engendré par le Γ_M-atlas $\mathcal{A}$.

DEFINITION 5 Une Γ_M-structure sur V est un Γ_M-atlas maximal sur cette variété

<u>IV.4.2 Soit $\mathcal{A} = (U_i,\varphi_i)_{i\in I}$ un Γ_M-atlas sur V.</u> Pour tout $i \in I$ le difféomorphisme $B^k(\varphi_i)$ envoie $B^k(U_i)$ sur $B^k(\Omega_i)$. Soit E^k_{Vi} l'image par le difféomorphisme inverse $B^k(\bar{\varphi}_i^1)$ de la restriction de E^k_M au dessus de Ω_i. La condition (41) entraîne de façon évidente que la réunion des E^k_{Vi} forme un sous-fibré principal E^k_V de $B^k(V)$ de même groupe structural G_k que E^k_M. On obtient ainsi une suite de structures :

$$\ldots \to E^k_V \to \ldots \to E^1_V$$

se projetant l'une sur l'autre. La suite (E^k_V) ainsi obtenue sera dite <u>suite de définition de la Γ_M-structure $\hat{\mathcal{A}}$ modelée sur</u> (E^k_M). Il est clair qu'elle est entièrement déterminée par $\hat{\mathcal{A}}$ et par la suite (E^k_M). <u>Réciproquement</u>, ce qui justifie la terminologie, la suite de structures (E^k_V) définit la Γ_M-structure comme <u>l'ensemble des équivalences locales</u> (simultanées) <u>des structures E^k_V avec les strcutures modèles correspondantes</u>.

IV.4.3. Soit (U,φ) une carte locale de la Γ_M-structure $\hat{\mathcal{A}}$ sur V. $\overset{-1}{\varphi}$ transporte les Γ_M-champs dans $\varphi(U)$ sur des champs de vecteurs locaux qui seront des automorphismes infinitésimaux pour toutes les structures de la suite de définition (E_V^k) de $\hat{\mathcal{A}}$ modelée sur (E_M^k). Soient $\mathcal{L}_V$ le faisceau des germes d'automorphismes infinitésimaux (simultanés) de toutes les structures E_V^k, $\mathcal{L}_V^k$ le faisceau relevé dans E_V^k. Ce qui précède montre que $\mathcal{L}_V^k$ est transitif sur E_V^k pour tout k. De même, si Γ_V est le pseudogroupe des automorphismes locaux (simultanés) de toutes les structures E_V^k et Γ_V^k le pseudogroupe engendré par les relevés dans E_V^k des éléments de Γ_V, on vérifie en utilisant les cartes de la Γ_M-structure que Γ_V^k est transitif pour tout k sur E_V^k. Ainsi Γ_V est un PLT de PAL $\mathcal{L}_V$ admettant (E_V^k) comme suite de définition.

Remarquons encore que, les structures E_M^k et E_V^k étant localement équivalentes leurs formes fondamentales ont même espace image, et ceci pour tout k. Donc l'algèbre formelle de Γ_V associée à la suite de définition (E_V^k) est L.

On dira que deux PLT sont localement équivalents s'il existe une équivalence locale entre une suite de définition de l'un et une suite de définition de l'autre. Avec cette terminologie on voit que le PLT Γ_V des automorphismes locaux de la suite (E_V^k) est localement équivalent à Γ_M. Γ_V est appelé pseudogroupe des automorphismes de la Γ_M-structure $\hat{\mathcal{A}}$.

IV.4.4. Le couple $(M,\mathfrak{A}_M)$ peut être considéré comme un atlas Γ_M-structuré sur M. La Γ_M-structure associée (Γ_M-structure modèle) aura pour suites de définition les suites de définition de Γ_M. Les cartes de cette structure seront les couples (U,φ) où $\varphi \in \Gamma_M$ et où U est le domaine de φ.

Soit maintenant Γ_V le pseudogroupe des automorphismes de la Γ_M-structure $\hat{\mathcal{A}}$ sur V, c'est-à-dire un PLT localement équivalent à Γ_M. On vérifie immédiatement que toute suite de définition d'une Γ_V-structure est une suite de définition d'une Γ_M-structure et réciproquement. Il n'y a donc pas lieu de distinguer entre les notions de Γ_M-structure et de Γ_V-structure : <u>la notion de Γ-structure est définie par la classe d'équivalence de Γ pour la relation d'équivalence locale</u>.

Il en résulte en particulier que <u>n'importe quelle Γ-structure peut servir de modèle</u> dans l'étude des Γ-structures. On utilisera à plusieurs reprises dans la suite la faculté d'adopter un modèle particulièrement simple, par exemple au chapitre IX les "modèles standard" pour les pseudo-groupes "plats".

<u>IV.4.5. Si</u> (E_V^k) <u>est la suite de définition de $\hat{\mathcal{A}}$ modelée sur</u> (E_M^k), considérons un repère formel en 0 dans $\mathbb{R}^n$, $\gamma^\infty \in GL_{n,\infty}$. γ^∞ est déterminé par une suite d'éléments $\gamma^k \in GL_{n,k}$. Si $E'^k_M = R_{\gamma^k}(E_M^k)$ et $E'^k_V = R_{\gamma^k}(E_V^k)$, (E'^k_V) est une suite de définition de Γ_V. On voit que (E'^k_V) est la suite de définition de $\hat{\mathcal{A}}$ modelée sur (E'^k_M).

Il peut se faire que deux suites de définition (E_M^k) et (E'^k_M) de Γ_M définissent pour le PLT <u>la même</u> algèbre formelle associée L : il suffit avec les notations précédentes que γ^∞ opérant sur $D(\mathbb{R}^n)$ laisse L invariant. Par suite, les différentes suites de définition d'une Γ_M-structure ne se distinguent pas toujours entre elles par les espaces où les formes fondamentales des structures de la suite prennent leurs valeurs.

De même, pour déterminer une Γ_M-structure, il ne suffit pas de se donner la famille de ses suites (conjuguées entre elles) de définition. Il faut préciser sur quelle suite de définition de Γ_M chacune d'elle est modelée.

2ème Partie

CHAPITRE V PRESQUE-STRUCTURES et PROBLEME d'EQUIVALENCE

V.1. PRESQUE-Γ-STRUCTURES

V.1.1. Soient comme au paragraphe précédent Γ_M un PLT sur M de PAL $\mathcal{L}_M$, (E_M^k) une suite de définition de Γ_M, L l'algèbre formelle associée. G_k est (pour tout k) le groupe structural de E_M^k, V_{k-1} l'espace où la forme fondamentale réduite θ_{Mr}^k de E_M^k prend ses valeurs.

Donnons-nous sur une variété différentiable V de même dimension n que M une suite de structures :

$$\cdots \to E_V^k \to \cdots \to E_V^1$$

où pour tout k E_V^k a pour groupe structural G_k. On suppose que ces structures se projettent l'une sur l'autre et on se pose la question : à quelle condition (E_V^k) est-elle la suite de définition d'une Γ_M-structure sur V modelée sur (E_M^k) ?

D'après IV.4, une condition nécessaire est que les structures E_V^k soient de type régulier et que pour tout k la forme fondamentale réduite θ_{Vr}^k de E_V^k soit à valeurs dans V_{k-1}. Il est donc naturel d'introduire la définition suivante :

DEFINITION 6 Si pour tout k la structure E_V^k est de type régulier, sa forme fondamentale réduite étant à valeurs dans V_{k-1}, on dit que (E_V^k) est la suite de définition d'une presque-Γ_M-structure modelée sur (E_M^k).

V.1.2. On a vu en IV.4. que pour une même Γ_M-structure on passe d'une suite de définition à l'autre par conjugaison : si $\gamma^\infty \in GL_{n,\infty}$ est un repère formel arbitraire à l'origine de $\mathbb{R}^n$, la suite (E'^k_M) définie à partir de (E^k_M) par l'action à droite de γ^∞ est une autre suite de définition de Γ_M et on passera d'une suite de définition d'une Γ_M-structure modelée sur (E^k_M) à la suite de définition de la même structure modelée sur (E'^k_M) par l'action à droite de γ^∞.

Ceci étant, il est naturel de considérer que si (E^k_V) est la suite de définition d'une presque-Γ_M-structure modelée sur (E^k_M), la suite de structures (E'^k_V) obtenue à partir de (E^k_V) par l'action à droite d'un élément quelconque $\gamma^\infty \in GL_{n,\infty}$ définira la même presque-Γ_M-structure sur V. (E'^k_V) sera la suite de définition de cette presque-Γ_M-structure modelée sur (E'^k_M).

Ainsi une presque-Γ_M-structure sur V pourra être considérée comme la donnée d'une famille de suites de structures (E^k_V) conjuguées entre elles et modelées respectivement sur les suites de définition de Γ_M.

Comme pour les Γ_M-structures (IV.4.5) il faudra préciser pour une (et donc pour toute) suite de définition de la presque-structure sur quelle suite de définition de Γ_M elle est modelée.

V.1.3 Soit (E^k_V) la suite de définition d'une presque-Γ_M-structure modelée sur (E^k_M). Soient x un point arbitraire de V, y un point arbitraire de M. Si la presque-structure était une Γ_M-structure on pourrait trouver un difféomorphisme local φ de V dans M avec $\varphi(x) = y$ et définissant une équivalence locale entre les suites (E^k_V) et (E^k_M). Pour une presque-structure quelconque, on va démontrer un résultat plus faible.

DEFINITION 7 Une équivalence formelle de (E^k_V) dans (E^k_M) de source x et but y est un jet d'ordre infini $j^\infty_x\varphi$ de V dans M de source x et but y tel que, pour tout k, $B^k(\varphi)(E^k_V)$ ait un contact d'ordre infini avec E^k_M au-dessus de y.

On notera que la notion d'équivalence formelle est définie pour deux suites quelconques de structures de mêmes groupes structuraux. Ceci étant, on a :

PROPOSITION 14 La suite (E^k_V) de structures sur V (se projetant l'une sur l'autre) est la suite de définition d'une presque-Γ_M-structure sur V modelée sur (E^k_M) si et seulement si $\forall x \in V$ et $\forall y \in M$ il existe une équivalence formelle de (E^k_V) dans (E^k_M) de source x et but y.

<u>démonstration</u> : - la condition est suffisante d'après (13) : si $j^\infty_x \varphi$ est une équivalence formelle, on aura $B^k(\varphi)^* \theta^k_M = \theta^k_V$ et par suite l'espace image par la forme fondamentale de E^k_V et celui de E^k_M seront les mêmes.

- réciproquement, si (E^k_V) est la suite de définition, modelée sur (E^k_M), d'une presque-Γ_M-structure, on choisit arbitrairement au-dessus de x (resp. de y) une suite de points $x^k \in E^k_V$ (resp. $y^k \in E^k_M$) se projetant l'un sur l'autre. Si $\varphi^k = y^k \circ \overset{-1}{x}{}^k$, la suite (φ^k) définit un jet infini de source x et but y. Soit φ un difféomorphisme local tel que $\varphi^k = j^k_x \varphi$ pour tout k. On aura :

$$B^k(\varphi)(x^k) = y^k$$

Si -localement- on définit E'^k_M par $E'^k_M = B^k(\varphi)(E^k_V)$, pour tout k on aura $y^k \in E^k_M \cap E'^k_M$. De plus l'égalité des espaces images par les formes fondamentales entraîne que E^k_M <u>et</u> E'^k_M <u>ont un contact d'ordre 1 en</u> y^k.

De même, pour tout ℓ, $E^{k+\ell}_M$ et $E'^{k+\ell}_M$ ont un contact d'ordre 1 en $y^{k+\ell}$. Soit $Y^{k+\ell} = B^{k+\ell}(Y)_{y^{k+\ell}}$ un vecteur tangent arbitraire en $y^{k+\ell}$ à $E^{k+\ell}_M$ (et par suite à $E'^{k+\ell}_M$). Les structures étant de type régulier, d'après la démonstration de la proposition 8 $B^k(Y)$ a un ℓ-jet en y^k adapté à E^k_M et aussi à E'^k_M. D'après la proposition 3 les structures E^k_M et E'^k_M ont donc pour tout ℓ un contact d'ordre $\ell+1$ en y^k.

D'où le résultat.

C.Q.F.D

En d'autres termes, une presque-Γ_M-structure sur V est définie par une suite de structures formellement équivalente à une suite de définition de Γ_M.

V.2 LE PROBLEME D'EQUIVALENCE

V.2.1 Soit (E_V^k) la suite de définition d'une presque-Γ_M-structure sur V modelée sur (E_M^k). On a vu qu'en tout point x de V il existe une équivalence formelle de source x de la presque-structure avec la structure modèle.

Le problème d'équivalence locale pour le PLT Γ_M considéré peut s'énoncer de la façon suivante : toute presque-Γ_M-structure est-elle une Γ_M-structure ? Ou bien de façon équivalente existe-t-il au voisinage de tout point de V une équivalence locale entre la suite de définition (E_V^k) de la presque-structure (arbitraire) considérée et la suite de structures modèles (E_M^k) ?

Si la réponse à cette question est affirmative, on dira que le théorème général d'équivalence est vrai pour le PLT Γ_M. On a donc dans ce cas une caractérisation formelle des Γ_M-structures, c.a.d. une caractérisation par l'existence en tout point d'une équivalence formelle avec le modèle.

Il est important de remarquer qu'il existe des PLT pour lesquels la réponse à la question précédente est négative (voir [16]c et [32]c).

Pour aborder le problème d'équivalence locale on cherchera, étant donnée (E_V^k) modelée sur (E_M^k) et un point $x_o \in V$ à trouver une équivalence locale φ de la suite (E_V^k) sur la suite modèle (E_M^k) dont le domaine contienne x_o. En tout point x du domaine de φ, $j_x^\infty \varphi$ sera naturellement une équivalence formelle.

Réciproquement, si φ est un difféomorphisme local de V dans M tel qu'en tout point de son domaine x $j_x^\infty \varphi$ soit une équivalence formelle, φ sera une équivalence locale.

V.2.2. Il est intéressant de caractériser (localement) les équivalences locales entre la suite de définition (E_V^k) d'une presque-Γ_M-structure et la suite modèle (E_M^k) à l'aide des formes fondamentales réduites.

Si φ est une équivalence locale, $\varphi : U \to \Omega$ où U est un ouvert de V et Ω un ouvert de M. $B^k(\varphi)$ définira alors pour tout k un morphisme de fibrés principaux de E_V^k (restreint à U) sur E_M^k(restreint à Ω). On notera en abrégé :

$$\varphi^k = B^k(\varphi) : E_U^k \to E_\Omega^k$$

de plus, d'après (13), $\varphi^{k*}\theta_{Mr}^k = \theta_{Vr}^k$.

Réciproquement, on a :

PROPOSITION 15 Si U est un ouvert de V, Ω un ouvert de M et si pour tout $k \geq 1$ il existe un difféomorphisme $\varphi^k : E_U^k \to E_\Omega^k$ avec (i) $\varphi^{k*}\theta_{Mr}^k = \theta_{Vr}^k$ (ii) φ^k se projette en φ^{k-1} pour tout $k > 1$ alors il existe une équivalence locale $\varphi : U \to \Omega$ de (E_V^k) sur (E_M^k) telle que $\varphi^k = B^k(\varphi)$ pour tout k.

La démonstration résulte immédiatement de la proposition 9.

V.3. RÔLE DE L'ALGEBRE FORMELLE

V.3.1 On a vu que l'algèbre formelle L d'un PLT (associée à une suite de définitions) est une sous-algèbre de LIE de $D(\mathbb{R}^n)$. De plus L a les propriétés suivantes :

(i) si $\pi : D(\mathbb{R}^n) \to \mathbb{R}^n$ est la projection qui à un champ de vecteurs formel associe sa valeur à l'origine, $\pi(L) = \mathbb{R}^n$ (on dit que L est <u>transitive</u>)

(ii) si $D \supset D_o \supset \ldots \supset D_k \supset \ldots$ est la filtration de $D(\mathbb{R}^n)$ par les sous-algèbres formées des champs formels nuls à l'origine à l'ordre $0, \ldots, k, \ldots$, soit $X \in D$. Alors $X \in L$ si et seulement si $\forall k$ il existe $X^k \in L$ avec $X - X^k \in D_k$ (L est <u>fermée</u> dans D pour la topologie d'espace vectoriel définie par le système de voisinages (D_k) de 0)

Plus généralement, nous appellerons <u>algèbre formelle</u> (en dimension n) toute sous-algèbre de LIE <u>transitive</u>, <u>fermée</u> de $D(\mathbb{R}^n)$.

A priori, il n'est pas évident que toute algèbre formelle soit l'algèbre formelle d'un PLT. En fait, le Théorème de réalisation (voir [38]) affirme qu'il en est bien ainsi. Mais nous n'utiliserons pas ce résultat.

<u>V.3.2 Soit L une algèbre formelle</u> (en dimension n) au sens précédent. On note $L \supset L_o \supset \ldots \supset L_k \supset \ldots$ la filtration induite par celle de $D(\mathbb{R}^n)$, V_k le quotient L/L_k, $\mathfrak{g}_k$ le noyau de la projection $V_k \to V_o = \mathbb{R}^n$.
On notera que, L_k étant un idéal de L_o, $\mathfrak{g}_k$, qui est aussi le quotient L_o/L_k, est une algèbre de LIE. C'est d'ailleurs une sous-algèbre de LIE de $g\ell_{n,k} = D_o/D_k$, algèbre de LIE du groupe de LIE $GL_{n,k}$.

Soit (E_V^k) une suite de structures de tous les ordres sur la variété connexe V se projetant les unes sur les autres. On note G_k le groupe structural de E_V^k.

On dira que la suite (E_V^k) est <u>modelée sur L</u> si pour tout k E_V^k est de type régulier, sa forme fondamentale réduite étant à valeurs dans V_{k-1}.

Soit $z^\infty = j_o^\infty \varphi$ <u>un repère formel</u> en un point x de V <u>appartenant à la suite</u> (c.a.d. $z^k \in E_V^k$ pour tout k). $B^k(\bar{\varphi}^1)'_{z^k}$ définit un isomorphisme de $T_{z^k}(E_V^k)$ sur V_k qui permet d'identifier le sous-espace vertical à $\mathcal{G}_k$. De cette manière on voit que $\mathcal{G}_k$ est l'algèbre de LIE de G_k. On dira que la suite (E_V^k) est de type connexe si tous les groupes G_k sont connexes. Si (E_V^k) est une suite de structures de type connexe modelée sur L, le groupe structural G_k de E_V^k est donc le sous-groupe de LIE connexe de $GL_{n,k}$ associé à l'algèbre de LIE $\mathcal{G}_k = L_0/L_k$.

V.3.3. Avec les définitions précédentes, le problème d'équivalence locale pour une algèbre formelle $L \subset D(\mathbb{R}^n)$ s'énonce ainsi : on cherche si, étant données deux variétés V,V' et deux suites de structures (E_V^k) et $(E'^k_{V'})$ de type connexe modelées sur L, il existe entre ces suites, au voisinage de points arbitraires $x \in V$ et $x' \in V'$, une équivalence locale. Si la réponse à cette question est toujours affirmative, on dira que le théorème général d'équivalence est vrai pour L.

Le rapport avec le problème d'équivalence relatif aux Γ-structures est fourni par le résultat suivant :

PROPOSITION 16 Soient Γ_M un PLT sur M, (E_M^k) une suite de définition de Γ_M, L l'algèbre formelle associée. Si le théorème général d'équivalence est vrai pour L, il est vrai pour Γ_M. Si la suite (E_M^k) est de type connexe et si le théorème général d'équivalence est vrai pour Γ_M, il est vrai pour L.

démonstration :-Supposons le théorème d'équivalence vrai pour L. Soit (E_V^k) la suite de définition d'une presque-Γ_M-structure modelée sur (E_M^k). Au voisinage d'un point x de V (par exemple dans un ouvert simplement connexe) on peut construire une suite $(\bar{E}_V^k)$ de structures de type connexe en choisissant des composantes connexes dans les structures de la suite (E_V^k). De même, au voisinage de $y \in M$ on construira la suite

$(\bar{E}^k_M)$ de type connexe. D'après l'hypothèse on aura une équivalence locale entre $(\bar{E}^k_V)$ et $(\bar{E}^k_M)$, donc entre (E^k_V) et (E^k_M).

- supposons le théorème d'équivalence vrai pour Γ_M et (E^k_M) de type connexe. Soient alors (E^k_V) et $(E'^k_{V'})$ deux suites de type connexe modelées sur L. Ce seront les suites de définition, modelées sur (E^k_M), de presque-Γ_M-structures sur V et V'. Elles seront donc localement équivalentes à la suite modèle et par conséquent localement équivalentes entre elles.

C.Q.F.D.

<u>V.3.4. L'intérêt de la proposition précédente</u> est en particulier de permettre de restreindre l'étude du problème d'équivalence locale (relatif aux Γ-structures) en se limitant à des PLT particuliers.

Un PLT sera dit <u>de type connexe</u> si une (et par suite toute) suite de définition de Γ_M est de type connexe, c.a.d. à groupes structuraux connexes.

Soient Γ_M un PLT arbitraire, U un ouvert simplement connexe de M, Γ_U la restriction (en un sens évident) de Γ_M à U, Γ_{U0} le PLT <u>connexe</u> associé à Γ_U. Alors Γ_{U0} est un PLT <u>de type connexe</u> ayant même algèbre formelle que Γ_M. D'après la proposition 16, pour résoudre le problème d'équivalence pour Γ_M il suffit de le résoudre pour Γ_{U_0}.

Ainsi, dans l'étude du problème d'équivalence, <u>on pourra se limiter à démontrer les résultats pour les PLT de type connexe</u>.

Notons aussi que ce qui précède permet de poser le problème d'équivalence pour une algèbre formelle quelconque sans connaître à priori de "réalisation" pour cette algèbre.

<u>V.4. PROBLEME D'EQUIVALENCE POUR LES G-STRUCTURES</u>

<u>V.4.1 Dans la pratique</u>, les problèmes d'équivalence qui se posent

ne concernent pas des "suites de structures" mais des structures d'un ordre donné. Le problème se posera en général dans les termes suivants :

Soit $E_M^{k_o}(M,G_{k_o})$ une structure (infinitésimale principale) d'ordre k_o <u>infinitésimalement homogène</u>. On considère une structure $E_V^{k_o}(V,G_{k_o})$ de même groupe structural et on cherche à quelle condition elle est <u>localement équivalente</u> à la structure modèle.

De façon naturelle, on dira que $E_V^{k_o}$ est <u>formellement équivalente</u> au modèle $E_M^{k_o}$ si pour tout $x \in V$ il existe un jet d'ordre infini $j_x^\infty \varphi$ de V dans M de source x (le but y étant quelconque) avec la propriété : $B^k(\varphi)(E_V^{k_o})$ et $E_M^{k_o}$ ont un contact d'ordre arbitrairement grand au dessus du point y.

Le problème d'équivalence pour $E_M^{k_o}$ se pose de la manière suivante : une G_{k_o}-structure formellement équivalente à $E_M^{k_o}$ lui est-elle localement équivalente ? Si la réponse est oui on dit que <u>le théorème général d'équivalence est vrai pour</u> $E_M^{k_o}$. Le problème ne change pas si on remplace le modèle $E_M^{k_o}$ par une structure localement équivalente. Pour $k_o = 1$ on retrouve le <u>problème d'équivalence pour les G-structures</u> qui est à l'origine de toute la théorie.

Pour ramener ce problème à un problème d'équivalence relatif à un PLT (ou à son algèbre formelle) on opèrera de la façon suivante :

(i) on construira les prolongements infinitésimalement transitifs (au sens de III.4.4) de $E_M^{k_o}$. En complétant par projection aux ordres inférieurs on obtient la suite de définition (E'^k_{oM}) d'un PLT connexe Γ_{oM}.

(ii) pour toute G_{k_o}-structure $E_V^{k_o}$ formellement équivalente à $E_M^{k_o}$ on essaiera de construire la suite de définitions, modelée sur (E'^k_{oM}), d'une presque-Γ_{oM}-structure sur V, de telle sorte que la structure d'ordre k_o soit subordonnée à $E_V^{k_o}$.

Il est clair qu'on est alors ramené au problème d'équivalence relatif à Γ_{oM}.

Au chapitre IX on traitera complètement le cas des <u>modèles plats</u>.

V.4.2. Traitons le cas particulier suivant : $E_M^{k_o}$ est la structure d'ordre k_o de la suite de définition (E_M^k) d'un PLT Γ_M. On suppose de plus que l'ordre de Γ_M est $\leq k_o$ (voir IV.3.4). On a donc, pour $k \geq k_o$:

$$E_M^{k+1} = E_M^{k(1)},$$ prolongement formellement transitif de E_M^k tel qu'il a été introduit en IV.3.4.

On a déjà remarqué que sous ces hypothèses :

$$\Gamma_M = \Gamma(E_M^{k_o})$$

Ceci étant, on a :

PROPOSITION 17 Γ_M étant un PLT de suite de définition (E_M^k), on suppose que l'ordre de Γ_M est $\leq k_o$. Si le théorème général d'équivalence est vrai pour Γ_M il est vrai pour $E_M^{k_o}$ et réciproquement.

démonstration : - Supposons que le théorème général d'équivalence soit vrai pour Γ_M et considérons une G_{k_o}-structure $E_V^{k_o}$ formellement équivalente à $E_M^{k_o}$. Pour $E_V^{k_o}$ on pourra définir comme pour la structure modèle un prolongement formellement transitif d'ordre 1 $E_V^{k_o(1)}$ de la façon suivante : dans la préimage de $E_V^{k_o}$ dans $B^{k_o+1}(V)$ on considère les points où la forme fondamentale, en restriction au dessus de $E_V^{k_o}$, est à valeurs dans l'espace V_{k_o} (où la forme fondamentale $\theta_M^{k_o+1}$ de $E_M^{k_o+1}$ prend ses valeurs). L'hypothèse d'équivalence formelle entraîne que $E_V^{k_o(1)}$ est un $G_{k_o(1)}$-fibré-principal, ou encore, l'ordre de Γ_M étant $\leq k_o$, un G_{k_o+1}-fibré principal. D'ailleurs toute équivalence formelle entre $E_V^{k_o}$ et $E_M^{k_o}$ définit par prolongement une équivalence formelle entre $E_V^{k_o(1)}$ et $E_M^{k_o(1)} = E_M^{k_o+1}$. On définit par récurrence :

$$E_V^{k_o+\ell} = E_V^{k_o+\ell-1(1)}$$

et on obtient ainsi la suite de définition modelée sur (E_M^k) d'une presque-Γ_M-structure sur V. Par hypothèse on aura une équivalence locale φ au voisinage de chaque point de V ; ce sera en particulier une équivalence locale de $E_V^{k_o}$ avec $E_M^{k_o}$, d'où le résultat

- <u>Réciproquement</u>, supposons le théorème général d'équivalence vrai pour $E_M^{k_o}$. Si (E_V^k) est la suite de définition modelée sur (E_M^k) d'une presque-Γ_M-structure sur V, $E_V^{k_o}$ sera formellement équivalente à $E_M^{k_o}$. Au voisinage de chaque point de V on aura une équivalence locale φ entre $E_V^{k_o}$ et $E_M^{k_o}$. Elle transportera automatiquement les prolongements formellement transitifs de $E_V^{k_o}$ sur les prolongements formellement transitifs de $E_M^{k_o}$, c.a.d. (E_V^k) sur (E_M^k).

C.Q.F.D

EXEMPLE Soit E_M^1 une G-structure plate du type II.2.2d). Le pseudogroupe Γ_M de ses automorphismes locaux est un PLT <u>d'ordre 1</u>. D'autre part le théorème de FROBENIUS entraîne que le théorème général d'équivalence est vrai pour E_M^1 (la condition <u>d'involutivité</u> pour une structure de ce type ne fait intervenir que le jet d'ordre 1 de la structure en chaque point). Donc <u>le théorème général d'équivalence est vrai pour</u> Γ_M (PLT des automorphismes locaux d'un feuilletage).

<u>V.4.3 Toujours sour les mêmes hypothèses</u> (ordre de $\Gamma_M \leq k_o$), soit $E_V^{k_o}$ une G_{k_o}-structure <u>arbitraire</u>. Dans la préimage de $E_V^{k_o}$ dans $B^{k_o+1}(V)$ on considère l'ensemble des points où la forme fondamentale, en restriction au dessus de $E_V^{k_o}$, est à valeurs dans V_{k_o}. Si cet ensemble $E_V^{k_o(1)}$ se projette surjectivement sur $E_V^{k_o}$, on dit que $E_V^{k_o}$ est <u>équivalente à l'ordre</u> <u>(k_o+1)</u> à $E_M^{k_o}$. Dans ce cas $E_V^{k_o(1)}$ est un G_{k_o+1} - fibré principal (prolongement formellement transitif d'ordre 1 de $E_V^{k_o}$). Par récurrence on définit la notion <u>d'équivalence à l'ordre $(k_o+\ell)$</u> avec le modèle et de

<u>prolongement formellement transitif d'ordre</u> ℓ, $E_V^{k_o(\ell)}$. On voit que $E_V^{k_o}$ est formellement équivalente à $E_M^{k_o}$ si et seulement si elle lui est équivalente à l'ordre $(k_o+\ell)$ pour tout ℓ.

A chaque ordre on a une <u>obstruction</u> à l'équivalence (et au prolongement) à l'ordre supérieur. Cette obstruction peut être construite sous forme tensorielle. Par exemple, à l'ordre (k_o+1), soit $\mathcal{G}r^n(V_{k_o})$ la grassmanienne des sous-espaces de $\mathbb{R}^n_{k_o}$ ayant même dimension que V_{k_o}.

Le groupe structural $GL_n^{(k_o)}$ de la fibration $B^{k_o+1}(V) \to B^{k_o}(V)$ opère dans $\mathcal{G}r^n(V_{k_o})$. Si $\mathcal{C}^n(V_{k_o})$ est l'espace des orbites de cette action, l'image de la forme fondamentale au dessus de $E_V^{k_o}$ définit un <u>tenseur de structure d'ordre</u> k_o sur $E_V^{k_o}$ (voir [5] et [14] a) :

$$\tau^{k_o} : E_V^{k_o} \to \mathcal{C}^n(V_{k_o})$$

Si $\tau_o^{k_o}$ est le point de $\mathcal{C}^n(V_{k_o})$ défini par le point de $\mathcal{G}r^n(V_{k_o})$ associé à V_{k_o}, la condition d'équivalence à l'ordre (k_o+1) s'écrit $\tau^{k_o}(z^{k_o}) = \tau_o^{k_o}$ pour tout $z^{k_o} \in E_V^{k_o}$.

A priori l'équivalence formelle avec le modèle requiert <u>une infinité</u> de conditions tensorielles de ce type. En fait on peut montrer (voir [42] c) qu'un nombre fini de telles conditions suffit à assurer l'équivalence formelle. Nous n'utiliserons pas ce résultat dans la suite.

CHAPITRE VI TECHNIQUES GENERALES 1

Dans ce chapitre on va indiquer une première méthode pour aborder le problème général d'équivalence. Soit Γ_M un PLT sur M de PAL $\mathcal{L}_M$. Si (E^k_M) est une suite de définition de Γ_M, on notera conformément à ce qui précède $\Gamma_M^{k_o}$ et $\mathcal{L}_M^{k_o}$ le pseudogroupe et le FAL obtenus par relèvement de Γ_M et $\mathcal{L}_M$ sur $E_M^{k_o}$. On vérifie alors que $\Gamma_M^{k_o}$ est un PLT sur $E_M^{k_o}$ de PAL $\mathcal{L}_M^{k_o}$ et de suite de définition $(E_M^{k_o+\ell})$. On en déduit que <u>le problème d'équivalence pour</u> Γ_M <u>se ramène au problème d'équivalence pour</u> $\Gamma_M^{k_o}$.

On applique cette technique de <u>passage aux prolongements</u> pour démontrer le théorème général d'équivalence pour les PLT <u>de type fini</u> (voir V.GUILLEMIN [14] a).

VI.1 ETUDE DU PSEUDOGROUPE $\Gamma_M^{k_o}$

<u>VI.1.1 Pour tout $\ell > 0$ on a vu</u> que $E_M^{k_o+\ell}$, muni de sa forme fondamentale réduite $\theta_{M\tau}^{k_o+\ell}$, peut être considéré comme une structure d'ordre ℓ sur $E_M^{k_o}$: $E_M^{k_o+\ell} \subset B^\ell(E_M^{k_o}(M))$.

Soit $\varphi^{k_o} \in \Gamma_M^{k_o}$. On a localement $\varphi^{k_o} = B^{k_o}(\varphi)$ avec $\varphi \in \Gamma_M$. D'où compte tenu de (16) : $B^\ell(\varphi^{k_o}) = B^\ell(B^{k_o}(\varphi)) = B^{k_o+\ell}(\varphi)$ sur $B^{k_o+\ell}(M)$. Ainsi φ^{k_o} est un automorphisme local de la structure $E_M^{k_o+\ell}$ et $\Gamma_M^{k_o}$ est un pseudogroupe d'automorphismes locaux (simultanés) des structures $(E_M^{k_o+\ell})_{\ell>0}$. D'ailleurs, réciproquement, tout automorphisme local de cette suite appartient à $\Gamma_M^{k_o}$ car il est localement de la forme $B^{k_o}(\varphi)$ avec $\varphi \in \Gamma_M$.

On vérifie de même que $\mathcal{L}_M^{k_o}$ est le FAL des automorphismes infinitésimaux (simultanés) de la suite $(E_M^{k_o+\ell})$.

Comme le pseudogroupe et le FAL obtenus par relèvement sur $E_M^{k_o+\ell}$ à partir de $\Gamma_M^{k_o}$ et de $\mathcal{L}_M^{k_o}$ sont $\Gamma_M^{k_o+\ell}$ et $\mathcal{L}_M^{k_o+\ell}$, donc sont transitifs sur $E_M^{k_o+\ell}$, on voit que $\Gamma_M^{k_o}$ <u>est un PLT sur</u> $E_M^{k_o}$ <u>de PAL</u> $\mathcal{L}_M^{k_o}$ <u>et de suite de définition</u> $(E_M^{k_o+\ell})$.

<u>VI.1.2 Soit L l'algèbre formelle de</u> Γ_M associée à la suite de définition (E_M^k). Notons L^{k_o} l'algèbre formelle de $\Gamma_M^{k_o}$ associée à la suite de définition $(E_M^{k_o+\ell})$.

Soit $V_{k_o+\ell-1}$ l'espace image de la forme fondamentale réduite $\theta_{Mr}^{k_o+\ell}$ sur $E_M^{k_o+\ell}$. On a :

$$V_{k_o+\ell} = L/L_{k_o+\ell}$$

mais aussi :

$$V_{k_o+\ell} = L^{k_o}/L_\ell^{k_o}$$

En tant qu'algèbre de LIE, L^{k_o}, limite projective des $V_{k_o+\ell}$, coïncidera avec L. Les relations précédentes prouvent que $L_\ell^{k_o}$ coïncidera avec $L_{k_o+\ell}$. Si l'on veut, le passage de l'algèbre formelle L de Γ_M à l'algèbre formelle L^{k_o} de $\Gamma_M^{k_o}$ s'effectue par un simple <u>décalage de la filtration</u> :

$$L \supset L_{k_o} \supset L_{k_o+1} \supset \ldots \supset L_{k_o+\ell} \supset \ldots$$

<u>VI.1.3 Considérons sur une variété V</u> une Γ_M-structure $\mathcal{A}$ et la suite de définition (E_V^k) de cette structure modelée sur (E_M^k).

Si (U,φ) est une carte de $\hat{\mathcal{A}}$, considérons le difféomorphisme $B^{k_o}(\varphi)$ relevé de φ. $B^{k_o}(\varphi)$ est un difféomorphisme local de $E_V^{k_o}$ dans $E_M^{k_o}$ de source $B^{k_o}(U)$. Notons $\hat{\mathcal{A}}^{k_o}$ l'ensemble des couples $(B^{k_o}(U), B^{k_o}(\varphi))$ ainsi obtenus. C'est un atlas sur $E_V^{k_o}$ dont les cartes sont à valeurs dans $E_M^{k_o}$ et dont les changements de cartes sont de la forme :

$$B^{k_o}(\psi) \circ B^{k_o}(\varphi^{-1}) = B^{k_o}(\psi \circ \varphi^{-1}) \quad \text{avec} \quad \psi \circ \varphi^{-1} \in \Gamma_M$$

Donc ces changements de cartes appartiennent à $\Gamma_M^{k_o} . \hat{\mathcal{A}}^{k_o}$ est par conséquent un $\Gamma_M^{k_o}$-atlas et définit une $\Gamma_M^{k_o}$-structure sur $E_V^{k_o}$.

<u>VI.1.4 Soit (E_V^k)</u> la suite de définition, modelée, sur (E_M^k), d'une presque-Γ_M-structure sur V.

Pour tout ℓ la structure de type régulier $E_V^{k_o+\ell}$ est une structure d'ordre ℓ sur $E_V^{k_o}$. La suite de structures $(E_V^{k_o+\ell})_{\ell>0}$ est visiblement la suite de définition, modelée sur $(E_M^{k_o+\ell})$, d'une presque-$\Gamma_M^{k_o}$-structure sur $E_V^{k_o}$.

<u>Supposons que le théorème général d'équivalence soit vrai pour</u> $\Gamma_M^{k_o}$. On aura alors, au voisinage de chaque point de $E_V^{k_o}$, une équivalence locale φ^{k_o} transportant la suite $(E_V^{k_o+\ell})$ sur la suite modèle $(E_M^{k_o+\ell})$. Mais alors on aura par exemple : $B^1(\varphi^{k_o})$ transporte (localement) $E_V^{k_o+1}$ sur $E_M^{k_o+1}$ et :

$$B^1(\varphi^{k_o})^* \, \theta^{k_o+1}_{Mr} = \theta^{k_o+1}_{Vr}$$

Cette relation prouve d'après la proposition 9 que (localement) $B^1(\varphi^{k_o})$ restreint à $E_V^{k_o+1}$ est de la forme $B^{k_o+1}(\varphi)$ où φ est un difféomorphisme local de V dans M. Par construction φ transportera (localement) la suite (E_V^k) sur la suite modèle (E_M^k), donc φ définit une équivalence locale de la presque-Γ_M-structure sur la structure modèle et par suite <u>le théorème général d'équivalence est vrai pour</u> Γ_M.

On obtient donc :

PROPOSITION 18 Si le théorème général d'équivalence est vrai pour $\Gamma_M^{k_o}$ il est vrai pour Γ_M.

La réciproque de cette proposition sera une conséquence de l'étude, faite au chapitre suivant, de la <u>technique de passage au quotient</u>.

VI.2 APPLICATION AUX STRUCTURES DE TYPE FINI

VI.2.1 On a vu qu'un PLT Γ_M sur M est dit de type fini si l'algèbre formelle L associée à une suite de définition (E_M^k) est de dimension finie.

Dans ces conditions, la filtration de L :

$$L \supset L_o \supset \ldots \supset L_k \supset \ldots$$

est nécessairement stationnaire à partir d'un rang k_o, c.a.d. $L_{k_o} = L_{k_o+1} = \ldots$ Donc, avec les notations du chapitre IV, $g_L^{k_o} = 0, \ldots, g_L^{k_o+\ell} = 0$ pour tout $\ell > 0$. On peut encore écrire :

$$L_{k_o} = \bigcap_k L_k$$

Mais cette intersection est nulle (une série formelle nulle à tous les ordres est nulle). On a donc :

(42) $\qquad L_{k_o} = 0$

Ainsi, l'algèbre formelle L^{k_o} du PLT $\Gamma_M^{k_o}$ associée à la suite de définition $(E_M^{k_o+\ell})_{\ell>0}$ vérifie

(43) $\qquad L_o^{k_o} = 0$

VI.2.2. On se propose de démontrer :

PROPOSITION 19 Si Γ_M est un PLT de type fini, le théorème général d'équivalence est vrai pour Γ_M.

démonstration : compte tenu de la proposition 18, on est ramené au cas particulier où l'algèbre formelle L de Γ_M associée à une suite de définition (E_M^k) vérifie :

(44) $\qquad L_o = 0$

Autrement dit on est ramené (V.3.3) à démontrer le théorème général d'équivalence pour les algèbres formelles L telles que $L_o = 0$.

Pour une telle algèbre, il est facile de construire un modèle de type connexe (au sens de B.3.4). Soit $M = \mathcal{G}$ un groupe de LIE d'algèbre de LIE L et connexe. D'après IV.2.4, soit $\mathcal{G}_{loc}$ le PLT sur $\mathcal{G}$ obtenu par localisation des translations à gauche. $\Gamma_M = \mathcal{G}_{loc}$ aura pour algèbre formelle associée à une suite de définition (E^k_M) une algèbre isomorphe à L. Eventuellement en passant à une structure conjuguée on se ramène au cas où cette algèbre formelle coïncide exactement avec L.

On est ramené à prouver le théorème général d'équivalence pour $\Gamma_M = \mathcal{G}_{loc}$. Soit donc (E^k_V) la suite de définition d'une presque-Γ_M-structure associée à (E^k_M). Les groupes structuraux G_k sont tous réduits à l'identité. En particulier E^1_V définit sur V un parallèlisme correspondant à des champs de vecteurs globaux $(X_1,\dots,X_n)$. De même E^1_M correspond au parallèlisme sur M défini par des champs de vecteurs $(Y_1,\dots,Y_n)$ invariants à gauche. D'où :

$$[Y_i,Y_j] = \sum_{k=1}^{n} C^k_{ij}\,\dot{Y}_k$$ où les C^k_{ij} sont les constantes de structure du groupe $\mathcal{G}$.

L'équivalence formelle en tout point entre E^1_V et le modèle E^1_M entraîne que les champs de vecteurs $(X_1,\dots,X_n)$ vérifient la même propriété :

$$[X_i,X_j] = \sum_{k=1}^{n} C^k_{ij} X_k$$

Sur $V \times \mathcal{G}$, au point (x,y) la correspondance $X_i \to Y_i$ définit une identification de $T_x(V)$ avec $T_y(\mathcal{G})$. Le graphe de cette identification est un sous-espace $H_{(x,y)}$ de $T_{(x,y)}(V \times \mathcal{G})$. En identifiant $T_{(x,y)}(V \times \mathcal{G})$ à $T_x(V) \oplus T_y(\mathcal{G})$, $H_{(x,y)}$ est engendré par les vecteurs de la forme $\sum_{i=1}^{n} \lambda^i(X_i+Y_i)$. Sous cette forme il est clair que le champ d'éléments de contact H ainsi obtenu est en involution, donc complètement intégrable (Théorème de FROBENIUS). Par chaque point (x,y) passera donc une variété intégrale W de H. Par construction ce sera (localement) le graphe d'une application différentiable (locale) φ de V dans $\mathcal{G}$ au voisinage de x. De plus φ transportera les champs (X_i) sur les champs (Y_i), c.a.d. la structure E_V^1 sur la structure modèle E_M^1. Mais alors φ sera automatiquement une équivalence locale entre la suite (E_V^k) et la suite modèle (E_M^k), car on est dans les hypothèses où la proposition 17 s'applique. D'où le résultat

C.Q.F.D.

CHAPITRE VII TECHNIQUES GENERALES 2

La technique de "passage au quotient" à laquelle ce chapitre est consacré repose sur l'étude des feuilletages invariants par un PLT. Si $\mathcal{F}_M$ est un feuilletage sur M invariant par Γ_M, les éléments de Γ_M sont "projetables le long des feuilles". On définit ainsi une <u>structure transverse aux feuilles</u>. Si V est munie d'une presque-Γ_M-structure, au feuilletage modèle $\mathcal{F}_M$ correspondra un feuilletage $\mathcal{F}_V$ sur V et une structure transverse aux feuilles formellement équivalente à celle du modèle. En fait, en changeant au besoin de modèle, on se ramènera au cas où le feuilletage $\mathcal{F}_M$ est défini par une submersion $\pi : M \to N$.

VII.1 FEUILLETAGES INVARIANTS PAR UN PLT

<u>VII.1.1. Soient</u> Γ_M <u>un PLT sur M,</u> (E^k_M) une suite de définition de Γ_M, L l'algèbre formelle associée. On suppose Γ_M <u>de type connexe</u>.

Considérons sur M un feuilletage $\mathcal{F}_M$, où m est la dimension des feuilles. On dit que le feuilletage est de codimension $q = n - m$.

Le feuilletage $\mathcal{F}_M$ est <u>invariant par</u> Γ_M si, ψ étant une carte locale adaptée au feuilletage de domaine U et φ un élément de Γ_M de domaine U, $\psi \circ \varphi^{-1}$ est encore une carte locale adaptée au feuilletage. Il revient au même de dire que <u>les éléments de</u> Γ_M <u>laissent invariant le champ de m-éléments de contact associé à</u> $\mathcal{F}_M$.

S'il en est ainsi on peut, en passant éventuellement à une suite de définition de Γ_M conjuguée de celle qu'on s'est donnée au départ, imposer que pour tout k E^k_M soit formé de k-jets de difféomorphismes locaux (de $\mathbb{R}^n$ dans M) adaptés au feuilletage (c.a.d. dont l'inverse est une carte locale adaptée). Nous supposerons donc désormais que la suite de définition (E^k_M) a cette propriété. Cette condition peut encore s'exprimer de la façon suivante : si $z^k \in E^k_M$ il existe un difféomorphisme local ψ de $\mathbb{R}^n$ dans M transportant le feuilletage $\mathcal{F}^n_q$ de $\mathbb{R}^n$ parallèle à $\mathbb{R}^m$ sur le feuilletage $\mathcal{F}_M$ et tel que :

$$z^k = j^k_o \psi$$

Dans la suite on changera de modèle M de façon que le feuilletage $\mathcal{F}_M$ soit <u>défini par une submersion $\pi_M : M \to N$</u> avec $\overset{-1}{\pi}_M(y)$ connexe pour tout $y \in N$. Il suffira par exemple de remplacer M par l'un de ses ouverts U muni de coordonnées locales adaptées au feuilletage ; on peut d'ailleurs restreindre encore U de façon que dans ces coordonnées U soit le produit $\Omega_1 \times \Omega_2$ de deux ouverts connexes $\Omega_1 \subset \mathbb{R}^m$ et $\Omega_2 \subset \mathbb{R}^q$, π_M étant la projection sur le second facteur. On utilisera systématiquement dans la suite ces coordonnées.

ψ étant un difféomorphisme local de $\mathbb{R}^n$ dans M transportant $\mathcal{F}^n_q$ sur $\mathcal{F}_M$, ψ sera <u>localement</u> projetable en un difféomorphisme local $\bar{\psi}$ de $\mathbb{R}^q$ dans N. Par suite, si $z^k = j^k_o\psi$, x étant le but de z^k, $j^k_o \bar{\psi}$ définira un k-repère $\bar{z}^k$ au point $y = \pi_M(x)$. On définit ainsi une application différentiable :

(45) $\quad \pi^{(k)}_M : E^k_M \to B^k(N)$ au-dessus de π_M.

On notera $\bar{E}^k_M$ l'image de cette application.

De même, si $\varphi \in \Gamma_M$ on voit en coordonnées locales que φ est (localement) projetable en $\bar{\varphi}$ sur N. On notera que l'ensemble $\bar{\Gamma}_M$ des difféomorphismes locaux de N obtenus de cette manière ne forme pas en général un pseudogroupe.

<u>VII.1.2 Si X est un champ de vecteurs</u> différentiable local sur M tel que le groupe local à un paramètre associé laisse invariant le feuilletage $\mathcal{F}_M$ on voit en coordonnées locales que X est (localement) projetable en $\bar{X}$ sur N. Il en est en particulier ainsi si X est un Γ_M-champ local.

Soit $\mathcal{L}_M$ la PAL de Γ_M. Si $x \in M$ se projette en y sur N, la fibre $\mathcal{L}_{Mx}$ du faisceau $\mathcal{L}_M$ en x se projettera en une algèbre de LIE $\bar{\mathcal{L}}_{My}$ de germes de champs de vecteurs en y. De plus, les Γ_M-champs étant localement projetables on voit que cette algèbre de LIE projetée en y est localement (donc globalement, $\bar{\pi}_M^1(y)$ étant connexe) indépendante du point x choisi dans $\bar{\pi}_M^1(y)$. On obtient ainsi un FAL transitif $\bar{\mathcal{L}}_M$ sur N.

De même, le champ de vecteurs relevé $B^k(X)$ dans E_M^k sera localement projetable par $\pi_M^{(k)}$ en $B^k(\bar{X})$

Considérons maintenant dans $B^k(N)$ le FAL $B^k(\bar{\mathcal{L}}_M)$ obtenu par relèvement à partir de $\bar{\mathcal{L}}_M$. Par le raisonnement fait en II.4.5, ce faisceau relevé définit sur $B^k(N)$ un champ d'éléments de contact invariant à droite et complètement intégrable. Soit $E_N^k(N, G_{q,k})$ la variété intégrale maximale contenant un point $\bar{z}_o^k$ de $\bar{E}_M^k$. On sait que cette variété est un sous-fibré principal de $B^k(N)$, c.a.d. une structure infinitésimale principale d'ordre k sur N.

Γ_M étant de type donnexe, E_M^k est connexe, donc tout point z^k de E_M^k peut être obtenu à partir de z_o^k en suivant un certain nombre de trajectoires de Γ_M-champs. Par suite, $\bar{z}_o^k \in E_N^k$ entraîne $\bar{z}^k \in E_N^k$ pour tout $z^k \in E_M^k$. De plus, par le même raisonnement on voit que l'application $\pi_M^{(k)} : E_M^k \to E_N^k$ ainsi définie est différentiable. C'est d'ailleurs une <u>submersion locale</u> (non surjective en général) car l'espace tangent en $\bar{z}^k$ à E_N^k est engendré par les valeurs des champs $B^k(\bar{X})$ où $\bar{X}$ est un Γ_M-champ et on a $B^k(\bar{X}) = \pi_M^{(k)'}(B^k(X))$.

Enfin, remarquons que si (E_N^k) est la suite de structuresainsi obtenue sur N, ces structures sont infinitésimalement transitives et connexes (donc transitives). Le FAL de leurs automorphismes infinitésimaux

<u>contient</u> $\bar{\mathcal{L}}_M$ et le pseudogroupe de leurs automorphismes locaux <u>contient</u> $\bar{\Gamma}_M$. Il en résulte que (E_N^k) est une suite de définition d'un PLT Γ_N sur N de PAL $\mathcal{L}_N$. <u>On dira que</u> Γ_N (et $\mathcal{L}_N$) <u>est obtenu par passage au quotient à partir de</u> Γ_M (et $\mathcal{L}_M$). Il est important de remarquer que les inclusions :

(46) $\mathcal{L}_N \supset \bar{\mathcal{L}}_M$ et $\Gamma_N \supset \bar{\Gamma}_M$

peuvent être strictes. Si ce sont des égalités on dit que Γ_N est le <u>quotient de</u> Γ_M <u>par</u> π_M.

En résumé, sous les hypothèses faites, on a :

PROPOSITION 20 Il existe sur N un PLT Γ_N de PAL $\mathcal{L}_N$ ayant pour suite de définition (E_N^k) avec les propriétés suivantes :

(i) $\forall k$ la projection $\pi_M^{(k)} : E_M^k \to B^k(N)$ définit une submersion locale de E_M^k dans E_N^k

(ii) tout Γ_M-champ est localement projetable par π_M en un Γ_N-champ$(\mathcal{L}_N \supset \bar{\mathcal{L}}_M)$

(iii) tout $\varphi \in \Gamma_M$ est localement projetable en $\bar{\varphi} \in \Gamma_N$ $(\Gamma_N \supset \bar{\Gamma}_M)$.

<u>On remarquera</u> que Γ_N est visiblement le PLT sur N minimal vérifiant les propriétés (ii) et (iii).

<u>VII.1.3 La submersion locale</u> $\pi_M^{(k)} : E_M^k \to E_N^k$ définit sur E_M^k un feuilletage $\mathcal{F}_M^{(k)}$ dont les feuilles sont les composantes connexes des préimages des points de $\bar{E}_M^k$. Il est clair sur les définitions que ce feuilletage est invariant par le pseudogroupe Γ_M^k. On voit aussi que Γ_N^k peut être considéré comme le PLT obtenu par passage au quotient à partir de Γ_M^k.

Si d'autre part G_k est le groupe structural de E_M^k, G_{qk} celui de E_N^k, on a une projection naturelle ρ^k de G_k dans G_{qk}. En effet G_k est un groupe de k-jets de difféomorphismes locaux de $\mathbb{R}^n$ respectant le feuilletage $\mathcal{F}^n_q$. Donc ces k-jets se projettent en k-jets de difféomorphismes de $\mathbb{R}^q$, c.a.d. qu'on a un morphisme de groupes de LIE :

(47) $\rho^k : G_k \to GL_{q,k}$

dont l'image est par construction dans le sous-groupe de LIE $G_{q,k}$.

On voit alors que $\pi^{(k)}_M$ peut être considéré comme un morphisme de fibrés principaux avec ρ^k comme "morphisme structural". En général $\rho^k : G_k \to G_{q,k}$ n'est pas surjectif (on verra en VII.4 un contre exemple caractéristique).

VII.1.4. Soit maintenant (E^k_V) la suite de définition modelée sur (E^k_M) d'une Γ_M-structure $\hat{\mathcal{A}}$ sur la variété V. En composant les cartes de l'atlas $\hat{\mathcal{A}}$ avec les coordonnées locales utilisées sur M on obtient un atlas de variété feuilletée sur V. Soit $\mathcal{F}_V$ le feuilletage correspondant. On peut (comme on l'a fait pour M) restreindre la variété V de façon que le feuilletage $\mathcal{F}_V$ soit défini par une submersion $\pi_V : V \to W$ avec $\overset{-1}{\pi_V}(y)$ connexe pour tout $y \in W$. On voit alors immédiatement que les cartes de $\hat{\mathcal{A}}$ sont localement projetables en difféomorphismes locaux de W dans N. De plus les cartes projetées forment un Γ_N-atlas sur W. La Γ_N-structure ainsi obtenue sur W par passage au quotient à partir de la Γ_M-structure $\hat{\mathcal{A}}$ pourra être regardée comme la "structure transverse au feuilletage" correspondant à la Γ_M-structure. Si on n'avait pas restreint V de façon à se ramener au cas d'une submersion, on n'aurait plus de véritable structure quotient mais seulement une structure transverse au feuilletage dans le sens général.

VII.2 FEUILLETAGES INVARIANTS ET IDEAUX FERMES DE L'ALGEBRE FORMELLE

VII.2.1 L'algèbre formelle L de Γ_M associée à la suite de définition (E^k_M) est formée de champs de vecteurs formels de $\mathbb{R}^n$ projetables sur $\mathbb{R}^q$. On a donc une application :

$$\pi_o : L \to D(\mathbb{R}^q)$$

qui est un morphisme d'algèbre de LIE. De plus, avec les notations habituelles, π_o envoie L_k dans D_k pour tout k, c.a.d. que π_o respecte les filtrations donc est <u>continue</u> pour les topologies introduites en V.3.1 sur les algèbres formelles. Le noyau I de π_o sera donc un <u>idéal fermé</u> de L. On notera $I_k = I \cap L_k$. I est formé des champs de vecteurs formels dans L se projetant en 0 sur $D(\mathbb{R}^q)$.

En composant π_o avec la projection $D(\mathbb{R}^q) \to \mathbb{R}^q = D/D_o$ on obtient une application linéaire continue ($\mathbb{R}^q$ étant muni de sa topologie habituelle) dont le noyau sera noté A_o. Si l'on veut A_o est la préimage de D_o par π_o. C'est donc une <u>sous-algèbre fermée de L</u>. On notera L' <u>l'image de L par π_o</u>. Ce sera une sous-algèbre <u>fermée</u> de $D(\mathbb{R}^q)$ comme on le vérifie sur les définitions.

Avec ces notations, on a :

PROPOSITION 21 I est le plus grand idéal fermé de L contenu dans A_o et L' est l'algèbre formelle de Γ_N associée à la suite de définition (E_N^k).

<u>démonstration</u> : - Pour le premier point on remarque que A_o est formé des champs de vecteurs formels de $\mathbb{R}^n$ dont les q dernières composantes sont sans termes constants et qui appartiennent à L. I est formé de ceux dont les q dernières composantes sont nulles. L'inclusion $I \subset A_o$ est évidente. Si d'autre part X appartient à un idéal fermé de L contenu dans A_o, quelsquesoient $X_1,\dots,X_\ell \in L$ le crochet $[..[X,X_1],X_2,..],X_\ell]$ doit appartenir à A_o. Par récurrence sur ℓ on en déduit que le jet d'ordre ℓ des q dernières composantes de X doit être nul, ceci pour tout ℓ. D'où le résultat.

- En ce qui concerne le second point, appelons L'' l'algèbre formelle de Γ_N associée à la suite de définition (E_N^k). L'inclusion $L' \subset L''$ résulte immédiatement du fait que tout Γ_M-champ de vecteurs formel en $x \in M$ se projette en un Γ_N-champ de vecteurs formel en $y = \pi_M(x)$. D'autre part, si $V_k = L/L_k$, $V_k' = L'/L_k'$ et $V_k'' = L''/L_k''$, le fait que $\pi^{(k)}$ définisse une submersion locale de E_M^k dans E_N^k entraîne que V_k'' est la projection de V_k sur D/D_k. Mais L' étant la projection de L, V_k' a la même propriété. D'où $V_k' = V_k''$ et par suite $L' = L''$.

C.Q.F.D.

On adoptera les notations suivantes : $A_k = \overset{-1}{\pi_o}(D_k)$ et $B_k = I + L_k$ pour tout $k \geq 0$. On a naturellement :

(48) $\quad A_k \supset B_k$

Il peut arriver que <u>pour tout</u> k l'inclusion soit stricte, comme le prouve l'exemple traité en VII.4.

<u>VII.2.2. On vient de voir</u> que le feuilletage invariant $\mathcal{F}_M$ <u>définit</u> un idéal fermé I de l'algèbre formelle L. On notera d'ailleurs que les feuilletages "relevés" $\mathcal{F}_M^{(k)}$ définissent <u>le même idéal I</u>.

<u>Réciproquement</u>, considérons un PLT de type connexe Γ_M sur M de suite de définition (E_M^k). Soit I un idéal fermé de l'algèbre formelle L associée. Posons $A_o = B_o = I + L_o$. C'est une sous-algèbre fermée de L. On aura :

$$[L_o, A_o] \subset A_o$$

Soit W l'image dans $\mathbb{R}^n$ de A_o par la projection $L \to L/L_o = \mathbb{R}^n$. La relation précédente entraîne avec les notations de IV.2.2 :

$$[g_L, W] \subset W$$

C'est à dire que W est un sous-espace de $\mathbb{R}^n$ invariant par l'algèbre de LIE de matrices g_L. Le groupe de LIE connexe correspondant G_1, qui est le groupe structural de E^1_M laissera donc invariant W. En passant si nécessaire à une suite de définition conjuguée on se ramène au cas $W = \mathbb{R}^m$. E^1_M définit alors un champ de m-éléments de contact sur M.

Γ_M, étant contenu dans $\Gamma(E^1_M)$, laisse invariant ce champs d'éléments de contact. Donc si X est un Γ_M-champ local et Y un champ de vecteurs adapté au champ d'éléments de contact, alors [X,Y] est encore adapté.

Ceci étant, soient X' et Y' deux champs de vecteurs adaptés (au champ d'éléments de contact) au voisinage de x. Soient X et Y des Γ_M-champs locaux tels que $X'_x = X_x$ et $Y'_x = Y_x$. Choisissons en x un repère formel z^∞ de la suite de définition (E^k_M). Ce repère fait correspondre à $j^\infty_x X$ et $j^\infty_x Y$ des éléments de L qui <u>appartiendront à la sous-algèbre A_0</u>. Par suite $j^\infty_x[X,Y]$ correspondra aussi à un élément de A_0, c.a.d. que $[X,Y]_x$ appartiendra à l'élément de contact en x du champ.

On a :

$$[X',Y'] = -[X,Y] + [X'-X,\ Y'-Y] + [X',Y] + [X,Y']$$

En x, tous les vecteurs du second membre sont adaptés, le second étant nul. Donc le champ d'éléments de contact est en involution et définit <u>un feuilletage invariant</u> $\mathcal{F}_M$. Il est clair aussi qu'en remplaçant la suite de définition par une suite adaptée au feuilletage, l'idéal I devient un <u>idéal fermé contenu dans l'idéal défini par</u> $\mathcal{F}_M$.

De façon analogue, en posant $A_k = I + L_k$ et en passant à E^k_M on obtient un feuilletage $\mathcal{F}^k_M$ invariant par Γ^k_M. $\mathcal{F}^k_M$ sera le feuilletage invariant d'ordre k <u>défini par I</u>. On a pour tout k l'inclusion évidente :

$\mathcal{F}^k_M \subset \mathcal{F}^{(k)}_M$ (les feuilles du premier sont contenues dans celles du second)

REMARQUE En fait, dans la démonstration précédente, on a seulement utilisé le fait que A_o est une sous-algèbre de L contenant L_o. Toute sous-algèbre ayant cette propriété définira donc un feuilletage invariant.

<u>VII.2.3. On dira que I est d'ordre</u> k_o <u>dans</u> Γ_M si k_o est le plus petit entier (s'il existe) tel que pour tout ℓ :

(49) $\mathcal{F}_M^{k_o+\ell} = \mathcal{F}_M^{k_o(\ell)}$

Remarquons d'abord que si I est d'ordre k_o <u>l'idéal défini par</u> $\mathcal{F}_M^{k_o}$ <u>est I</u>. En effet si I' est l'idéal défini par $\mathcal{F}_M^{k_o}$ on a d'une part $I \subset I'$ et d'autre part pour tout ℓ $I' \subset L_{k_o+\ell} + I$, d'où $I' \subset \bigcap_k (L_k+I) = I$.

Ceci étant, on a :

PROPOSITION 21 Si I est un idéal fermé de L il existe un entier k_o tel que I soit d'ordre k_o (dans Γ_M).

<u>démonstration</u> : soit $I \supset I_o \supset \ldots \supset I_k \supset \ldots$ la filtration de I induite par celle de L. Si $I_k/I_{k+1} = h_I^k$ le produit direct (notée additivement) :

$\mathbb{R}^n + h_I^o + \ldots + h_I^k + \ldots$

est une algèbre formelle graduée. La proposition 12 montre alors qu'il existe un entier ℓ_o tel que pour $k \geq \ell_o - 1$ on a $h_I^{k+1} = h_I^{k(1)}$.

Soit maintenant z^∞ un repère formel en x appartenant à (E_M^k). Ce repère formel permet d'identifier l'espace tangent en z^{k+1} aux fibres de la projection $E_M^{k+1} \to E_M^k$ à g_L^k. Si λ^k est alors un vecteur de cet espace tangent à la feuille en z^{k+1} du feuilletage $\mathcal{F}_M^{k(1)}$, ceci signifie que :

$$[\lambda^k, \mathbb{R}^n] \subset h_I^{k-1} \qquad \text{c.a.d.} \qquad \lambda^k \in h_I^{k-1(1)}$$

Pour $k \geq \ell_o$ ceci signifie donc $\lambda^k \in h_I^k$. Mais alors le vecteur correspondant en z^{k+1} est tangent à la feuille du feuilletage $\mathcal{F}_M^{k+1}$. On a donc $\mathcal{F}_M^{k+1} = \mathcal{F}_M^{k(1)}$ pour $k \geq \ell_o$, d'où le résultat, avec $k_o \leq \ell_o$.

C.Q.F.D.

<u>Remarque</u> : il est naturel avec les notations précédentes de dire que I est d'ordre ℓ_o dans L.

<u>VII.2.4. Il résulte de cette proposition</u> que pour tout idéal fermé I de L il existe un entier k_o et un feuilletage $\mathcal{F}_M^{k_o}$ de $E_M^{k_o}$ avec les propriétés :

(i) I est l'idéal de L^{k_o} défini par le feuilletage invariant $\mathcal{F}_M^{k_o}$ (pour l'action de $\Gamma_M^{k_o}$ sur $E_M^{k_o}$)

(ii) Pour tout $\ell \geq 0$ le feuilletage invariant sur $E_M^{k_o+\ell}$ défini par I est le relevé $\mathcal{F}_M^{k_o(\ell)}$ de $\mathcal{F}_M^{k_o}$.

<u>En particulier</u>, on remarquera que <u>si I est d'ordre 0 dans L</u> et si $\mathcal{F}_M$ est le feuilletage correspondant sur M, on a $\mathcal{F}_M^k = \mathcal{F}_M^{(k)}$ et, avec les notations de VII.2.1, que $A_k = B_k$ pour tout k. Ceci entraîne que le diagramme commutatif :

$$
(50) \qquad
\begin{array}{ccccccccc}
 & & 0 & & 0 & & 0 & & \\
 & & \downarrow & & \downarrow & & \downarrow & & \\
0 & \to & I_k & \to & I & \to & I/I_k & \to & 0 \\
 & & \downarrow & & \downarrow & & \downarrow & & \\
0 & \to & L_k & \to & L & \to & V_k & \to & 0 \\
 & & \downarrow & & \downarrow & & \downarrow & & \\
0 & \to & L'_k & \to & L' & \to & V'_k & \to & 0 \\
 & & \downarrow & & \downarrow & & \downarrow & & \\
 & & 0 & & 0 & & 0 & &
\end{array}
$$

<u>est exact pour ordre $(I) = 0$</u>

<u>VII.3 ETUDE DES PRESQUE-STRUCTURES</u>

<u>VII.3.1 Soient avec les notations précédentes</u> $\mathcal{F}_M$ un feuilletage sur M invariant par le PLT Γ_M et I l'idéal fermé défini par ce feuilletage dans l'algèbre formelle L de Γ_M.

Considérons sur V une presque-Γ_M-structure définie par une suite (E_V^k) modelée sur (E_M^k). On a vu que le groupe structural G_1 de E_M^1, donc de E_V^1, laisse invariant $\mathbb{R}^m$. Donc E_V^1 définit un champ d'éléments de contact sur V. Une équivalence formelle entre E_V^1 et E_M^1 définit une équivalence formelle entre ce champ d'éléments de contact et $\mathcal{F}_M$. Comme on a remarqué en V.4.4 que le théorème général d'équivalence est vrai pour les feuilletages, le champ d'éléments de contact sur V sera complètement intégrable et définira un feuilletage $\mathcal{F}_V$.

Comme sur le modèle M on pourra (les problèmes étudiés ici étant locaux) restreindre V de façon qu'il existe des coordonnées locales (globales) pour lesquelles V apparaîtra comme produit $U_1 \times U_2$ de deux ouverts connexes U_1 dans $\mathbb{R}^m$ et U_2 dans $\mathbb{R}^q$, $\mathcal{F}_V$ étant défini par la seconde projection.

Si $z^k \in E_V^k$ se projette en x sur V, il existe une équivalence formelle $j_x^\infty \varphi$ de (E_V^k) sur (E_M^k) de source x et but y telle que $B^k(\varphi)(z^k) \in E_M^k$. Donc $B^k(\varphi)(z^k)$ est un k-repère adapté au feuilletage $\mathcal{F}_M$. Comme $j_x^k \varphi$ établit un contact d'ordre k entre les feuilletages $\mathcal{F}_V$ et $\mathcal{F}_M$, z^k sera adapté au feuilletage $\mathcal{F}_V$.

Soit $\pi_V : V \to W$ la projection de V sur la variété quotient par $\mathcal{F}_V$. z^k étant adapté à $\mathcal{F}_V$ se projettera en un k-repère $\bar{z}^k$ au point $y = \pi_V(x)$. D'où une application différentiable :

$$\pi_V^{(k)} : E_V^k \to B^k(W)$$

Notons $\bar{E}_V^k$ l'image de cette application.*

En utilisant les équivalences formelles on voit que $\pi_V^{(k)}$ est comme $\pi_M^{(k)}$ de rang constant et définit donc un feuilletage $\mathcal{F}_V^{(k)}$ de E_V^k. De plus $B^k(\varphi)$ transporte la fibre E_x^k en x de E_V^k sur la fibre $E_{\varphi(x)}^k$ en $\varphi(x)$ de E_M^k et par suite par passage au quotient au-dessus de x définit un isomorphisme entre $\pi_V^{(k)}(E_x^k)$ et $\pi_M^{(k)}(E_{\varphi(x)}^k)$. Par suite, compte tenu de VII.1.2, $\bar{E}_V^k$ est contenu dans un $G_{q,k}$-sous-fibré principal E_W^k de $B^k(W)$ et $\pi_V^{(k)}$ définit une submersion locale de E_V^k dans E_W^k.

Enfin, l'équivalence formelle $z^\infty = j_x^\infty \varphi$ de (E_V^k) dans (E_M^k)

(*) Par équivalence formelle, θ_W^k en restriction à $\bar{E}_V^k$, est à valeurs dans V'_{k-1}, ce qui simplifie la suite.

définit un jet infini $\bar{z}^{\infty}$ de W dans N qui sera par construction une équivalence formelle de (E_W^k) dans (E_N^k). On a donc :

PROPOSITION 22 La suite (E_W^k) est la suite de définition modelée sur (E_N^k) d'une presque-Γ_N-structure sur W. On dit que cette presque-Γ_N-structure est obtenue <u>par passage au quotient</u> à partir de la presque-Γ_M-structure sur V.

<u>VII.3.2 Supposons que le théorème</u> général d'équivalence soit vrai pour Γ_M. On pourra donc trouver (au voisinage de chaque point x de V) une équivalence locale φ entre la suite (E_V^k) et la suite (E_M^k). En particulier φ sera une équivalence locale entre le feuilletage $\mathcal{F}_V$ et le feuilletage modèle $\mathcal{F}_M$. Donc φ sera (localement) projetable en un difféomorphisme local $\bar{\varphi}$ de W dans N. Comme $B^k(\bar{\varphi}) \circ \pi_V^{(k)} = \pi_M^{(k)} \circ B^k(\varphi)$, $B^k(\bar{\varphi})$ appliquera $\bar{E}_V^k$ (localement) dans $\bar{E}_M^k$ et par conséquent E_W^k dans E_N^k. $\bar{\varphi}$ sera par conséquent une équivalence locale entre (E_W^k) et (E_N^k). Donc la presque-Γ_N-structure obtenue par passage au quotient est une Γ_N-structure.

On en déduit une méthode générale pour aborder le problème d'équivalence pour Γ_M : on essaiera d'abord de résoudre le problème d'équivalence "quotient" pour le pseudogroupe Γ_N. Ceci fait, on cherchera à "relever" une équivalence locale $\bar{\varphi}$ entre les structures définies par passage au quotient en une équivalence locale φ entre les structures initiales ("<u>lifting problem</u>", voir [39]).

A noter que si cette technique permet dans certains cas de <u>démontrer</u> le théorème général d'équivalence elle ne permet pas de démontrer qu'il n'est pas vrai : il peut être vrai pour Γ_M et faux pour Γ_N (et réciproquement !). En effet on a vu que toute presque-Γ_M-structure définit une presque-Γ_N-structure <u>mais non</u> que toute presque-Γ_N-structure provient par passage au quotient d'une presque-Γ_M-structure !

VII.3.3 Dans le cas particulier où tout difféomorphisme local ψ de M respectant le feuilletage $\mathcal{F}_M$ et se projetant sur N en $\bar{\psi} \in \Gamma_N$ appartient nécessairement à Γ_M, on dira que Γ_M est la préimage de Γ_N par $\pi_M : M \to N$.

L'idéal I est dans ce cas formé de tous les champs de vecteurs formels de $\mathbb{R}^n$ se projetant sur $\mathbb{R}^q$ en un champ de vecteurs formel nul.

Si le théorème général d'équivalence est vrai pour Γ_N il est vrai pour sa préimage par π_M. En effet, partant d'une presque-Γ_M-structure sur V on définira par passage au quotient (local) une presque-Γ_N-structure sur W. Si $\bar{\varphi}$ est une équivalence locale de cette presque-Γ_N-structure avec le modèle, on relèvera arbitrairement $\bar{\varphi}$ en un difféomorphisme local φ de V dans M. φ définit (localement) une Γ_M-structure sur V qui coïncide nécessairement avec la presque-Γ_M-structure initiale car elles définissent la même presque-Γ_N-structure par passage au quotient sur W. D'où le résultat.

VII.4 CAS DES PROLONGEMENTS GENERALISES

VII.4.1 Soient Γ_M un PLT de suite de définition (E^k_M), $\mathcal{F}_M$ un feuilletage invariant. On fait les mêmes hypothèses qu'en VII.1 de façon à pouvoir définir par passage au quotient $\pi_M : M \to N$ un PLT Γ_N sur N. On dira que Γ_M est un prolongement généralisé de Γ_N si l'idéal fermé I de L associé à $\mathcal{F}_M$ est nul. Soit (E^k_N) la suite de définition de Γ_N obtenue par passage au quotient.

Un exemple caractéristique de cette situation (et qui justifie la terminologie) est celui où Γ_N est un PLT arbitraire de suite de définition (E^k_N) avec $M = E^{k_o}_N$ et $\Gamma_M = \Gamma^{k_o}_N$, autrement dit Γ_M est le PLT obtenu à partir de Γ_N par relèvement (ou prolongement) dans l'un des fibrés d'une suite de définition de Γ_N.

<u>VII.4.2 On se propose de démontrer</u> que dans le cas des prolongements généralisés, avec les notations précédentes, le problème d'équivalence relatif à Γ_M se ramène à celui relatif à Γ_N. En particulier on obtiendra donc la réciproque de la proposition 18.

PROPOSITION 23 Si Γ_M est un prolongement généralisé de Γ_N et si le théorème d'équivalence est vrai pour Γ_N il est vrai pour Γ_M.

<u>démonstration</u> : soient avec les notations précédentes L' l'algèbre formelle de Γ_N associée à (E_N^k). La seule différence entre L et L' est une différence de filtration.

Soient $L \supset L_o \supset \ldots \supset L_k \supset \ldots$

$L' \supset L'_o \supset \ldots \supset L'_k \supset \ldots$ leurs filtrations respectives. Les topologies associées à ces filtrations coïncident. Donc il existe k_o tel que $L_o \supset L'_{k_o}$. Considérons alors dans $E_N^{k_o}$ le feuilletage $\mathcal{F}_N^{k_o}$ invariant par $\Gamma_N^{k_o}$ associé à L_o. Par la projection $\pi_M^{(k_o)}$ de $E_M^{k_o}$ sur $E_N^{k_o}$ la préimage de ce feuilletage est le feuilletage vertical de $E_M^{k_o}$, associé à la projection $p_M^{k_o}$ sur M. C'est à dire que M s'identifie localement au quotient de $E_N^{k_o}$ par $\mathcal{F}_N^{k_o}$. Soit $\psi_N^{k_o}$ la projection ainsi définie de $E_N^{k_o}$ sur M.

Si V est munie d'une presque-Γ_M-structure définie par une suite (E_V^k) modelée sur (E_M^k), localement on aura une submersion $\pi_V : V \to W$, la presque-Γ_M-structure définissant par passage au quotient une presque-Γ_N-structure sur W. Soit (E_W^k) la suite de définition obtenue par passage au quotient à partir de (E_V^k). Sur $E_W^{k_o}$ on aura un feuilletage $\mathcal{F}_W^{k_o}$ et, comme sur le modèle, la projection $p_V^{k_o} : E_V^{k_o} \to V$ se factorisera localement par la projection $\pi_V^{(k_o)} : E_V^{k_o} \to E_W^{k_o}$, soit :

$p_V^{k_o} = \psi_W^{k_o} \circ \pi_V^{(k_o)}$ où $\psi_W^{k_o}$ est (localement) la projection de $E_W^{k_o}$ suivant le feuilletage $\mathcal{F}_W^{k_o}$.

Ceci étant, si le théorème général d'équivalence est vrai pour Γ_N, on aura un difféomorphisme local $\bar{\varphi}$ de W dans N transportant la suite (E_W^k) sur la suite (E_N^k). $B^{k_o}(\bar{\varphi})$ définira un difféomorphisme local de $E_W^{k_o}$ sur $E_N^{k_o}$ transportant $\mathcal{F}_W^{k_o}$ sur $\mathcal{F}_N^{k_o}$. Donc $B^{k_o}(\bar{\varphi})$ se factorise localement en un difféomorphisme local φ de V dans M. Par construction φ transporte (E_V^k) sur (E_M^k) et définit donc une équivalence locale pour la presque-Γ_M-structure.

C.Q.F.D

On notera que cette proposition signifie en particulier que le problème d'équivalence pour une algèbre formelle ne dépend pas de la filtration de cette algèbre [c.a.d. de sa "réalisation" comme sous-algèbre fermée de $D(\mathbb{R}^n)$ pour un certain n] mais seulement de sa structure d'algèbre de LIE topologique.

CHAPITRE VIII TECHNIQUES GENERALES 3

Dans ce chapitre on donne une méthode générale pour ramener le problème général d'équivalence relatif à un PLT Γ a un problème d'équivalence relatif à un sous-PLT γ de Γ. On commence par traiter un cas facile, celui où γ est <u>de codimension finie</u> (au sens des algèbres formelles) dans Γ (voir [2] et [32]a). On donne ensuite un résultat général (LEMME DE REDUCTION, voir [32] b) qui permet de traiter le problème de <u>réduction à une structure subordonnée</u> par passage au quotient. Ce résultat est l'outil adapté à la résolution du "<u>lifting problem</u>" posé au chapitre précédent.

VIII.1 STRUCTURES SUBORDONNEES ; CAS DE LA CODIMENSION FINIE

<u>VIII.1.1. Soient Γ_M un PLT</u> sur M de PAL $\mathcal{L}_M$, (E^k_M) une suite de définition de Γ_M, L l'algèbre formelle associée.

Un PLT γ_M sur M sera dit <u>sous-PLT</u> de Γ_M s'il admet une suite de définition (e^k_M) <u>subordonnée</u> à (E^k_M), c.a.d. telle que pour tout k.

$$e^k_M \subset E^k_M$$

De même, si (E^k_V) est la suite de définition, modelée sur (E^k_M), d'une (presque-)Γ_M-structure sur V, une (presque-)γ_M-structure sur V sera dite <u>subordonnée</u> à la (presque-)structure considérée si elle admet une suite de définition (e^k_V) telle que $e^k_V \subset E^k_V$ pour tout k.

Ceci étant, on a :

PROPOSITION 24 Si le théorème général d'équivalence est vrai pour le sous-PLT γ_M de Γ_M, il sera vrai pour Γ_M si et seulement si toute presque-Γ_M-structure admet (auvoisinage de chaque point) une presque-γ_M-structure locale subordonnée.

démonstration : - si le théorème est vrai pour Γ_M, toute presque-Γ_M-structure admettra une équivalence locale avec le modèle. L'application inverse transportera la suite de définition de γ_M en une γ_M-structure locale subordonnée.

- réciproquement, si une presque-Γ_M-structure admet une presque-γ_M- structure locale subordonnée au voisinage de chaque point, par hypothèse celle-ci sera localement équivalente avec le modèle. Mais toute équivalence locale pour la presque-γ_M-structure sera automatiquement une équivalence locale pour la presque-Γ_M-structure.

C.Q.F.D

Ainsi, pour démontrer le théorème d'équivalence pour Γ_M, il suffira :

(i) de démontrer que toute presque-Γ_M-structure admet (localement) une presque-γ_M-structure subordonnée.

(ii) de démontrer le théorème d'équivalence pour γ_M.

Si on a démontré (i), on dira qu'on a réduit le problème d'équivalence pour Γ_M à celui relatif à γ_M.

VIII.1.2 On se propose de donner ici un exemple simple de "Théorème de réduction" (au sens précédent) pour le problème d'équivalence.

On dira que γ_M est de codimension finie dans Γ_M si l'algèbre formelle ℓ de γ_M associée à la suite de définition (e^k_M) est de codimension finie dans L.

Si $V_k = L/L_k$ et $v_k = \ell/\ell_k$, la condition de codimension finie entraîne visiblement que pour $k \geq (k_o-1)$ v_k a une codimension stationnaire dans V_k. D'où avec les notations du chapitre IV :

$$g^k_\ell = g^k_L \quad \text{pour} \quad k \geq k_o$$

ce qui entraîne, ℓ étant fermée dans D donc dans L, que $\ell_{k_o} = L_{k_o}$.

Ainsi ℓ <u>est une sous-algèbre de L contenant L_{k_o}</u>. Compte tenu de la remarque faite à la fin de VII.2.2. on voit que ℓ définit un feuilletage $\mathcal{F}_M^{k_o}$ de $E_M^{k_o}$ invariant par $\Gamma_M^{k_o}$. Si l'on veut, $z^{k_o+1} \in E_M^{k_o+1}$ se projetant en z^{k_o} sur $E_M^{k_o}$, l'élément de contact de la feuille au point z^{k_o} est défini par la condition que la restriction en z^{k_o+1} de θ^{k_o+1} au-dessus de cet élément de contact est à valeurs dans v_{k_o}.

En particulier, on voit que $e_M^{k_o}$ <u>est une variété intégrale</u> de ce feuilletage.

De même, pour $k > k_o$, on a un feuilletage $\mathcal{F}_M^k$ de E_M^k invariant par Γ_M^k et dont e_M^k est une variété intégrale.

On en déduit :

PROPOSITION 25 Si γ_M est de codimension finie dans Γ_M, toute presque-Γ_M-structure admet (au voisinage de chaque point) une presque-γ_M-structure locale subordonnée.

<u>démonstration</u> : on suppose pour simplifier γ_M <u>de type connexe</u>. Soit sur V une presque-Γ_M-structure définie par la suite (E_V^k) modelée sur (E_M^k). Pour $k \geq k_o$ on a sur E_V^k un feuilletage $\mathcal{F}_V^k$ correspondant au feuilletage $\mathcal{F}_M^k$ du modèle E_M^k. Si H_k est le groupe structural de e_M^k, par équivalence formelle avec le modèle, on voit que (localement) les variétés intégrales de $\mathcal{F}_V^k$ sont des H_k-sous-fibrés principaux de E_V^k et que la restriction à ces variétés intégrales de θ_V^k est à valeurs dans v_{k-1}. Si on choisit alors au dessus de $x \in V$ une suite (z^k) de points, $z^k \in E_V^k$, se projetant l'un sur l'autre, au-dessus d'un voisinage ouvert U (localement connexe) de x soit e_U^k la composante connexe de la feuille passant par z^k. Par construction (e_U^k) est une presque-γ_M-structure sur U subordonnée à la presque-Γ_M-structure.

<u>Si γ_M est quelconque</u> on commence par construire, par la méthode

précédente, une sous-structure locale (e_U^k) à groupes structuraux connexes modelée sur ℓ. Il ne restera plus pour tout k qu'à agrandir le groupe structural H_{ko} de e_U^k en le groupe structural H_k de e_M^k. On obtient ainsi la presque-γ_M-structure locale subordonnée.

C.Q.F.D

VIII.2 METHODE GENERALE DE REDUCTION

VIII.2.1. Dans tout ce qui suit on conserve les notations de VIII.1.1 : Γ_M et γ_M ont pour suites de définition respectives (E_M^k) et (e_M^k) et pour algèbres formelles associées L et ℓ. Pour tout k, e_M^k est un H_k-sous-fibré principal du G_k-fibré principal E_M^k.

Soit I un idéal fermé de L contenu dans ℓ.

On se propose de démontrer :

LEMME DE REDUCTION Si le théorème général d'équivalence est vrai pour $L' = L/I$, toute presque-Γ_M-structure admet, au voisinage de chaque point, une presque-γ_M-structure locale subordonnée.

Les paragraphes suivants sont consacrés à la démonstration de ce résultat.

VIII.2.2. On commencera par traiter le cas où I est d'ordre 0 dans L. En réalité on pourrait se passer d'étudier ce cas particulier qui a pour seule utilité de présenter une version de la démonstration un peu simplifiée.

Dans ce cas, si $\mathcal{F}_M$ est le feuilletage de M défini par I, $\mathcal{F}_M^k$ le feuilletage de E_M^k défini par I, on a :

$$\mathcal{F}_M^k = \mathcal{F}_M^{(k)}$$

On se ramène comme au chapitre précédent au cas où le feuilletage $\mathcal{F}_M$ est défini par une submersion $\pi_M : M \to N$ à fibre connexe. Si Γ_N est le PLT défini par passage au quotient à partir de Γ_M, L' est l'algèbre formelle de Γ_N et les hypothèses entraînent que le théorème général d'équivalence est vrai pour Γ_N.

Soit (E^k_N) la suite de définition de Γ_N obtenue par passage au quotient à partir de (E^k_M). On note $\pi^{(k)}_M : E^k_M \to E^k_N$ la submersion obtenue à partir de π_M. $\mathcal{F}^k_M$ est le feuilletage de E^k_M associé à $\pi^{(k)}_M$.

Si $z^{k+1} \in E^{k+1}_M$ se projette en z^k sur E^k_M, z^{k+1} (considéré comme repère en z^k) fait correspondre à l'espace tangent en z^k à la feuille de $\mathcal{F}^k_M$ le sous-espace I/I_k de $V_k = L/L_k$, d'après l'exactitude de (50).

Si en particulier $z^{k+1} \in e^{k+1}_M$ on en déduit que l'espace tangent en z^k à la feuille de $\mathcal{F}^k_M$ coïncide avec l'espace tangent en ce point à la feuille du feuilletage f^k_M défini sur e^k_M par l'idéal I de $\mathfrak{l}$. Ainsi e^k_M est réunion de feuilles du feuilletage $\mathcal{F}^k_M$. Autrement dit, si (e^k_N) est la suite de structures sur N obtenue par passage au quotient à partir de (E^k_N), e^k_M est la préimage par $\pi^{(k)}_M$ de sa projection dans E^k_M et par suite de e^k_N. On dira que (e^k_M) est "feuilletée" pour le feuilletage $\mathcal{F}_M$. (e^k_N) est la suite de définition d'un PLT γ_N sur N.

Ceci étant, soit (E^k_V) la suite de définition, modelée sur (E^k_M), d'une presque-Γ_M-structure sur V. Localement, on aura sur V une submersion $\pi_V : V \to W$ correspondant à la submersion π_M du modèle et la presque-Γ_M-structure définira par passage au quotient une presque-Γ_N-structure sur W de suite de définition (E^k_W). On notera $\pi^{(k)}_V$ la submersion locale de E^k_V dans E^k_W.

Le théorème d'équivalence étant vrai pour Γ_N, au voisinage de chaque point $y = \pi_V(x)$ de W on aura une équivalence locale φ de (E^k_W) avec (E^k_N) définie dans un ouvert U. Posons $\Omega = \overset{-1}{\pi}_V(U)$ et pour tout k :

$$e^k_\Omega = (\pi^{(k)}_V)^{-1}(B^k(\overset{-1}{\varphi})(e^k_N))$$

En posant $e_U^k = B^k(\bar{\varphi}^1)(e_N^k)$ on voit que (e_U^k) est la suite de définition modelée sur (e_N^k) d'une γ_N-structure sur U.

$\pi_V^{(k)} : E_V^k \to E_W^k$ étant un morphisme de fibrés principaux, e_Ω^k sera un H_k-sous-fibré principal local de E_V^k. De plus par construction e_Ω^{k+1} se projette pour tout k sur e_Ω^k.

Notons V_{k-1}, V'_{k-1}, v_{k-1}, v'_{k-1} les espaces où les formes fondamentales restreintes des fibrés E_M^k, E_N^k, e_M^k, e_N^k prennent leurs valeurs. On a une projection naturelle (voir (50)) :

$$\mu_{k-1} : V_{k-1} \to v_{k-1}$$

et, d'après l'étude faite au chapitre VII, si θ_{Mr}^k et θ_{Nr}^k sont les formes fondamentales restreintes de E_M^k et E_N^k, on a :

$$(51) \qquad \pi_M^{(k)*} \, \theta_{Nr}^k = \mu_{k-1} \circ \theta_{Mr}^k$$

et de même pour les presque-structures, avec des notations évidentes :

$$(52) \qquad \pi_V^{(k)*} \, \theta_{Wr}^k = \mu_{k-1} \circ \theta_{Vr}^k$$

Comme dans le cas étudié $v_{k-1} = (\mu_{k-1})^{-1}(v'_{k-1})$, la forme fondamentale sur e_Ω^k est à valeurs dans v_{k-1}, ceci pour tout k. Donc la suite de structures (e_Ω^k) est <u>modelée sur ℓ</u> et définit donc une presque-γ_M-structure locale sur V.

Dans ce cas le LEMME de REDUCTION est démontré.

<u>VIII.2.3. Dans le cas général</u>, soit k_o <u>l'ordre de I dans L</u>. On aura donc pour tout $\ell \geq 0$

$$\mathcal{F}_M^{k_o+\ell} = \mathcal{F}_M^{k_o(\ell)}$$

La démonstration du LEMME se fera alors par passage au quotient <u>à l'ordre k_o</u>. Si N^{k_o} est le quotient (local) de $E_M^{k_o}$ par le feuilletage $\mathcal{F}_M^{k_o}$, soit $\Gamma_N^{k_o}$ le PLT obtenu par passage au quotient à partir de $\Gamma_M^{k_o}$. L'algèbre formelle de $\Gamma_{N^{k_o}}$ est L'. Donc le théorème général d'équivalence est vrai pour $\Gamma_{N^{k_o}}$.

A partir de la suite de définition $(E_M^{k_o+\ell})_{\ell\geq 0}$ de $\Gamma_M^{k_o}$ on obtient par passage au quotient une suite de définition $(E^{\ell}_{N^{k_o}})$ de $\Gamma_{N^{k_o}}$. Soit :

$\pi_M^{k_o(\ell)} : E_M^{k_o+\ell} \to E^{\ell}_{N^{k_o}}$ la submersion locale définie par le feuilletage $\mathcal{F}_M^{k_o+\ell}$.

$e_M^{k_o+\ell}$ est réunion de feuilles de ce feuilletage. Donc, si $e^{\ell}_{N^{k_o}}$ est la structure obtenue par passage au quotient à partir de $e_M^{k_o+\ell}$, on a :

$$e_M^{k_o+\ell} = [\pi_M^{k_o(\ell)}]^{(-1)}(e^{\ell}_{N^{k_o}})$$

Soit (E_V^k) la suite de définition, modelée sur (E_M^k), d'une presque-Γ_M-structure sur V. Sur $E_V^{k_o}$ on a une submersion locale (au voisinage de chaque point) sur une variété quotient W^{k_o} et, par passage au quotient, une presque-$\Gamma_{N^{k_o}}$-structure sur W^{k_o}. On note

$\pi_V^{k_o(\ell)} : E_V^{k_o+\ell} \to E^{\ell}_{W^{k_o}}$ la submersion locale définie par le feuilletage $\mathcal{F}_M^{k_o+\ell}$.

Le théorème d'équivalence étant vrai pour $\Gamma_{N^{k_o}}$ on aura une équivalence locale φ^{k_o} entre $(E^{\ell}_{W^{k_o}})$ et la suite modèle $(E^{\ell}_{N^{k_o}})$. L'application inverse transportera la suite $(e^{\ell}_{N^{k_o}})$ sur une suite de structures locales $(e^{\ell}_{W^{k_o}})$. On posera alors :

$$e_V^{k_o+\ell} \underset{\text{loc.}}{=} [\pi_V^{k_o(\ell)}]^{(-1)}(e^{\ell}_{W^{k_o}})$$

On vérifie alors comme dans le cas précédent que la suite $(e_V^{k_o+\ell})$ de structures <u>locales</u> sur V (complètée par projection pour $k \leq k_o$) définit sur V une presque-γ_M-structure locale subordonnée à la structure considérée.

C.Q.F.D.

3ème Partie

CHAPITRE IX STRUCTURES PLATES ; MODELES STANDARD

IX.1 STRUCTURES PLATES STANDARD

IX.1.1. Soit G_k un sous-groupe de LIE de $GL_{n,k}$. On considère sur $\mathbb{R}^n$ l'ensemble $E^k_S(\mathbb{R}^n, G_k)$ des k-repères aux différents points qui s'obtiennent à partir du k-repère naturel des coordonnées usuelles par l'action à droite de G_k. Autrement dit, pour l'identification naturelle de $B^k(\mathbb{R}^n)$ avec $\mathbb{R}^n \times GL_{n,k}$, E^k_S s'identifie à la partie $\mathbb{R}^n \times G_k$.

E^k_S est une G_k-structure plate car l'atlas sur $\mathbb{R}^n$ défini par la carte unique $(\mathbb{R}^n, 1_{\mathbb{R}^n})$ est adapté à cette structure. E^k_S est la G_k-structure plate standard.

La section globale de $B^k(\mathbb{R}^n)$ définie par les k-repères naturels est appelée section standard de $B^k(\mathbb{R}^n)$ et sera notée ici s^k_S. Quel que soit G_k, cette section est à valeurs dans la G_k-structure plate standard E^k_S.

IX.1.2. Sur $B^k(\mathbb{R}^n)$, considérons l'espace tangent en un point $s^k_S(x)$ de la section standard. Un vecteur tangent X^k en ce point est défini par des composantes :

$$(\xi^i, \xi^i_{j_1}, \ldots, \xi^i_{j_1 \ldots j_k})$$

symétriques par rapport aux indices inférieurs.

La partie verticale de X^k (pour la projection sur $\mathbb{R}^n$) est définie par $(\xi^i_{j_1}, \ldots, \xi^i_{j_1 \ldots j_k})$ qui peut être considérée comme un élément de l'algèbre de LIE $\mathfrak{gl}_{n,k}$ de $GL_{n,k}$. Ceci étant, X^k sera tangent à la G_k-structure plate standard E^k_S si et seulement si :

$$(\xi^i_{j_1}, \ldots, \xi^i_{j_1 \ldots j_k}) \in \mathfrak{G}_k, \text{ algèbre de LIE de } G_k.$$

Le sous-espace $\mathcal{G}_k$ de $gl_{n,k}$ peut être défini par des équations linéaires dans $gl_{n,k}$, c.a.d. que la condition $(\xi^i_{j_1},\dots,\xi^i_{j_1\dots j_k}) \in \mathcal{G}_k$ est équivalente à :

$$(53) \quad \sum_{i,j_1} C^{j_1}_{\alpha i}\, \xi^i_{j_1} + \dots + \sum_{i,j_1\dots j_k} C^{j_1\dots j_k}_{\alpha i}\, \xi^i_{j_1\dots j_k} = 0 \quad \text{pour} \quad \alpha \in A$$

où les coefficients $C^{j_1\dots j_p}_{\alpha i}$ sont des nombres réels donnés une fois pour toutes et où $\mathrm{Card}(A)$ est la codimension de $\mathcal{G}_k$ dans $gl_{n,k}$.

Soit maintenant $X = \sum_{i=1}^{n} X^i \frac{\partial}{\partial x^i}$ un champ de vecteurs différentiable dans l'ouvert U de $\mathbb{R}^n$. On a vu en I.2.3. que les composantes de $B^k(X)$ au point $s^k_S(x)$ sont données par :

$$\left(X^i(x), \frac{\partial X^i}{\partial x^{j_1}}(x), \dots, \frac{\partial^k X^i}{\partial x^{j_1}\dots\partial x^{j_k}}(x)\right)$$

La condition nécessaire et suffisante pour que X soit un automorphisme infinitésimal de E^k_S sera donc :

$$(54) \quad \sum_{i,j_1} C^{j_1}_{\alpha i} \frac{\partial X^i}{\partial x^{j_1}} + \dots + \sum_{i,j_1,\dots j_k} C^{j_1\dots j_k}_{\alpha i} \frac{\partial^k X^i}{\partial x^{j_1}\dots\partial x^{j_k}} = 0 \quad \text{pour}$$

$\alpha \in A$.

On obtient ainsi un système homogène d'équations aux dérivées partielles linéaires d'ordre k sur $T(\mathbb{R}^n)$. La condition pour que E^k_S soit <u>infinitésimalement transitive</u> est que pour tout X^k tangent en $s^k_S(x)$ à E^k_S il existe un automorphisme infinitésimal X tel que $B^k(X)$ soit égal à X^k au point $s^k_S(x)$. Donc E^k_S est infinitésimalement transitive si et seulement si <u>pour tout</u> $(\xi^i_{j_1},\dots,\xi^i_{j_1\dots j_k}) \in \mathcal{G}_k$ <u>il existe une solution locale de (54)</u> au voisinage d'un point x (par exemple l'origine) <u>telle que</u>

$$\xi^i_{j_1} = \frac{\partial X^i}{\partial x^{j_1}}(x), \dots, \xi^i_{j_1\dots j_k} = \frac{\partial^k X^i}{\partial x^{j_1}\dots\partial x^{j_k}} .$$

Comme $(\xi^i_{j_1},\dots,\xi^i_{j_1\dots j_k})$ définit si l'on veut un k-jet de champ de vecteurs en x vérifiant (53), on pourra exprimer ceci en disant que E_S^k est infinitésimalement transitive si et seulement si <u>tout k-jet de champ de vecteurs vérifiant (54) se prolonge en une solution locale de (54)</u>.

<u>IX.1.3 L'espace tangent à $B^k(\mathbb{R}^n)$</u> au point $0^k = s_S^k(0)$ s'identifie à $\mathbb{R}_k^n$. Soit V_k le sous-espace de $\mathbb{R}_k^n$ correspondant à l'espace tangent en 0^k à E_S^k. On notera $\widetilde{G}_k$ la préimage de G_k par la projection $GL_{n,k+1} \to GL_{n,k}$ et $G_{k(1)}$ le sous-groupe de $\widetilde{G}_k$ qui laisse V_k invariant.

La $G_{k(1)}$-structure standard $E_S^{k(1)}$ sera dite <u>premier prolongement</u> de E_S^k. Par récurrence on définira le <u>prolongement d'ordre</u> ℓ $E_S^{k(\ell)}$ de E_S^k comme le premier prolongement de $E_S^{k(\ell-1)}$.

$E_S^{k(1)}$ peut être directement construit de la façon suivante : si $\widetilde{E}_S^k$ est la préimage de E_S^k dans $B^{k+1}(\mathbb{R}^n)$, $E_S^{k(1)}$ <u>est l'ensemble des points de $\widetilde{E}_S^k$ où la forme fondamentale, en restriction au dessus de</u> E_S^k, <u>est à valeurs dans</u> V_k.

Soit $\mathcal{G}_{k(1)}$ l'algèbre de LIE de $G_{k(1)}$. Les équations de $\mathcal{G}_k$ étant (53), on a le résultat suivant :

PROPOSITION 26 Soit $(\xi^i_{j_1},\dots,\xi^i_{j_1\dots j_{k+1}}) \in g\ell_{n,k+1}$. La condition nécessaire et suffisante pour que cet élément appartienne à $\mathcal{G}_{k(1)}$ est :

$$(55)\begin{cases} \sum_{i,j_1} C_{\alpha i}^{j_1}\,\xi^i_{j_1} + \dots + \sum_{i,j_1,\dots j_k} C_{\alpha i}^{j_1\dots j_k}\,\xi^i_{j_1\dots j_k} = 0 \quad \text{pour } \alpha \in A \\ \sum_{i,j_1} C_{\alpha i}^{j_1}\,\xi^i_{j_1 s} + \dots + \sum_{i,j_1,\dots,j_k} C_{\alpha i}^{j_1\dots j_k}\,\xi^i_{j_1\dots j_k s} = 0 \quad \text{pour } \alpha \in A \\ \qquad\qquad\qquad\qquad\qquad\qquad\qquad\qquad \text{et } 1 \le s \le n \end{cases}$$

<u>démonstration</u> : le crochet des champs de vecteurs formels sur $\mathbb{R}^n$ induit un crochet sur les développements limités :

(56) $\quad [\mathbb{R}^n_{k+1}, \mathbb{R}^n_k] \subset \mathbb{R}^n_k$

$gl_{n,k+1}$ est un sous-espace vectoriel de $\mathbb{R}^n_{k+1}$ et l'action linéaire de $gl_{n,k+1}$ sur $\mathbb{R}^n_k$ est induite par (56). Ceci étant, $\mathcal{G}_{k(1)}$ est le sous-espace de $gl_{n,k+1}$ défini par les conditions :

(i) $\mathcal{G}_{k(1)}$ se projette sur $\mathcal{G}_k$ dans $gl_{n,k}$

(ii) $[\mathcal{G}_{k(1)}, V_k] \subset V_k$ pour le crochet (56).

Si on identifie $\mathbb{R}^n$ au sous-espace de $\mathbb{R}^n_k$ défini par les k-jets des champs constants sur $\mathbb{R}^n$, la condition (ii) est équivalente à :

(ii)' $[\mathcal{G}_{k(1)}, \mathbb{R}^n] \subset V_k$

Or si $(\xi^i_{j_1}, \ldots, \xi^i_{j_1 \ldots j_{k+1}}) \in gl_{n,k+1}$ et si on prend son crochet avec le k-jet du vecteur constant $\frac{\partial}{\partial x^s}$, on obtient le k-jet $(\xi^i_s, \xi^i_{j_1 s}, \ldots, \xi^i_{j_1 \ldots j_k s})$.

Les conditions (i) et (ii)' sont donc équivalentes à (55) d'où le résultat.

C.Q.F.D.

<u>IX.1.4 La proposition 26 et IX.1.2</u> entraînent que les équations aux dérivées partielles qui définissent les automorphismes infinitésimaux (locaux) de $E^{k(1)}_S$ sont :

$$(57) \quad \begin{cases} \displaystyle\sum_{i,j_1} C^{j_1}_{\alpha i} \frac{\partial X^i}{\partial x^{j_1}} + \ldots + \sum_{i,j_1,\ldots,j_k} C^{j_1 \ldots j_k}_{\alpha i} \frac{\partial^k X^i}{\partial x^{j_1} \ldots \partial x^{j_k}} = 0 \quad \text{pour } \alpha \in A \\[2ex] \displaystyle\sum_{i,j_1} C^{j_1}_{\alpha i} \frac{\partial^2 X^i}{\partial x^{j_1} \partial x^s} + \ldots + \sum_{i,j_1,\ldots,j_k} C^{j_1 \ldots j_k}_{\alpha i} \frac{\partial^{k+1} X^i}{\partial x^{j_1} \ldots \partial x^{j_k} \partial x^s} = 0 \\ \text{pour } \alpha \in A,\ 1 \leq s \leq n \end{cases}$$

En particulier E^k_S et $E^{k(1)}_S$ ont <u>les mêmes</u> automorphismes infinitésimaux.

Si $E^k_{S(1)}$ est la projection de $E^{k(1)}_S$ sur E^k_S les équations aux dérivées partielles définissant les automorphismes infinitésimaux de $E^k_{S(1)}$ s'obtiennent <u>en complétant</u> (54) par les équations obtenues par élimination dans (57) des dérivées d'ordre k+1.

Plus généralement, soit $E^k_{S(\ell)}$ la projection de $E^{k(\ell)}_S$ sur E^k_S.

Si $\bar{\mathcal{G}}_{k(\ell)}$ est l'algèbre de LIE de son groupe structural $\bar{G}_{k(\ell)}$, on a $\bar{G}_{k(\ell+1)} \subset \bar{G}_{k(\ell)}$ et $\bar{\mathcal{G}}_{k(\ell+1)} \subset \bar{\mathcal{G}}_{k(\ell)}$. Pour des raisons de dimension il existera donc un rang ℓ_o à partir duquel $\bar{\mathcal{G}}_{k(\ell+1)} = \bar{\mathcal{G}}_{k(\ell)}$. On notera $\mathcal{G}_{k(R)} = \bar{\mathcal{G}}_{k(\ell_o)}$ et $G_{k(R)} = \bigcap_{\ell} \overline{G_{k(\ell)}}$. $G_{k(R)}$ est un sous-groupe de LIE de G_k d'algèbre de LIE $\mathcal{G}_{k(R)}$. Si :

(58) $\quad E^k_{S(R)} = \bigcap_{\ell} E^k_{S(\ell)}$

$E^k_{S(R)}$ est la $G_{k(R)}$-structure plate standard. On l'appellera <u>réduction standard</u> de E^k_S.

Si $E^k_S = E^k_{S(R)}$ on dit que la structure standard E^k_S est <u>complète</u>, ou encore que son groupe structural $G_k = G_{k(R)}$ est <u>complet</u>. Dans ce cas, tout k-jet de champ de vecteurs vérifiant (54) se prolonge en une <u>solution formelle</u> de (54), c.a.d. un <u>jet infini de champ de vecteurs vérifiant</u> (54) <u>et les équations obtenues par dérivation successives</u>.

Du point de vue de la théorie des équations aux dérivées partielles, on dit qu'un système d'équations aux dérivées partielles linéaires d'ordre k est <u>formellement intégrable</u> si tout k-jet vérifiant les équations du système se prolonge en une solution formelle (au sens précédent).

Dans le cas d'un système d'équations <u>à coefficients constants</u> on peut considérer comme un cas particulier du théorème d'EHRENPREIS-MALGRANGE (voir [30] a) le fait que si un tel système (ici homogène) est formellement intégrable, tout k-jet vérifiant les équations du système se prolonge en une <u>solution locale</u>.

On en déduit ici que <u>si</u> E^k_S <u>est complète elle est infinitésimalement transitive</u>.

Plus généralement, E^k_S étant une <u>structure plate standard arbitraire</u>, considérons sa réduction standard $E^k_{S(R)}$. Par construction le système d'équations aux dérivées partielles qui définit les automorphismes infinitésimaux de $E^k_{S(R)}$ est formellement intégrable. Donc $E^k_{S(R)}$ <u>est infini-</u>

tésimalement transitive. Comme de plus on a visiblement :

$$\mathcal{C}(E^k_S) = \mathcal{C}(E^k_{S(R)})$$

il en résulte que si $E^k_{oS(R)}$ est la composante connexe de $E^k_{S(R)}$ contenant la section standard, $E^k_{oS(R)}$ est une réduction infinitésimalement transitive de E^k_S au sens de III.4.3.

On a obtenu ainsi une construction, utilisant uniquement les propriétés des formes fondamentales (construction "intrinsèque") des réductions infinitésimalement transitives, et par suite des prolongements infinitésimalement transitifs pour les structures plates standard. Une telle construction s'adaptera au cas des structures formellement équivalentes à un modèle de ce type.

IX.2 PSEUDOGROUPES PLATS STANDARD

IX.2.1 Un PLT Γ_S sur $\mathbb{R}^n$ sera dit pseudogroupe plat standard s'il admet une suite de définition (E^k_S) formée de structures plates standard. Il revient au même d'imposer que Γ_S contienne les translations. En effet il suffit alors de considérer la suite de définition qui contient pour tout k le k-jet de l'identité 0^k pour obtenir une suite de structures standard. Un PLT sera dit plat s'il est localement équivalent à un PLT plat standard.

Les structures E^k_S de la suite de définition, étant transitives, seront complètes. De plus, par définition des prolongements de E^k_S tels qu'ils ont été introduits en IX.1.3, on a pour tout k :

$$E^{k+1}_S \subset E^{k(1)}_S$$

S'il existe un entier (minimal) k_o tel que cette inclusion soit une égalité pour $k \geq k_o$, on dira conformément à la terminologie signalée en V.4 que Γ_S est d'ordre k_o. On a vu en V.4 que tout PLT est d'ordre fini (inférieur ou égal à celui de son algèbre formelle).

IX.2.2 Soit L l'algèbre formelle de Γ_S associée à la suite de définition "standard" (E_S^k). L est aussi l'algèbre des Γ_S-champs formels à l'origine de $\mathbb{R}^n$.

Comme les champs de vecteurs constants sur $\mathbb{R}^n$ sont des Γ_S-champs, leur jet infini à l'origine appartiendra à L. Ainsi, en notant additivement le produit direct :

$$D(\mathbb{R}^n) = \mathbb{R}^n + (\mathbb{R}^n \otimes \mathbb{R}^{n*}) + \ldots + (\mathbb{R}^n \otimes S^{k+1}(\mathbb{R}^{n*})) + \ldots$$

on aura :

$$(58) \quad L = \mathbb{R}^n + L_o$$

L est donc une algèbre formelle plate au sens de IV.2.3.

Réciproquement, considérons une algèbre formelle plate arbitraire L et posons pour tout k :

$$\mathcal{G}_k = L_o/L_k$$

Soient G_k le sous-groupe de LIE connexe de $GL_{n,k}$ ayant $\mathcal{G}_k$ pour algèbre de LIE et E_S^k la G_k-structure plate standard sur $\mathbb{R}^n$. Posons :

$$L/L_k = V_k = \mathbb{R}^n + \mathcal{G}_k \subset \mathbb{R}^n_k$$

On a :

$$[\mathcal{G}_{k+1}, V_k] \subset V_k \quad \text{pour le crochet "d'algèbre de LIE tronquée" (56).}$$

Donc, avec les notations de IX.1.3 :

$$\mathcal{G}_{k+1} \subset \mathcal{G}_{k(1)}$$

et par suite :

$$\mathcal{G}_{k(1)} = \mathcal{G}_k \quad \text{pour tout } k$$

donc les groupes de LIE G_k sont complets et les structures E_S^k sont complètes.

La proposition 12, démontrée pour l'algèbre formelle d'un PLT, est vraie pour toute algèbre formelle (le PLT n'intervient pas dans la démonstration). Donc L a un ordre fini k_o. Mais alors L coïncidera avec l'algèbre formelle L' du PLT Γ_S défini par la suite :

$$\to E_S^{k_o[\ell]} \to \dots \to E_S^{k_o} \to \dots \to E_S^1$$

des prolongements infinitésimalement transitifs standard de $E_S^{k_o}$ (complétée à droite par projections).

En effet on a $E_S^{k_o[\ell]} \supset E_S^{k_o+\ell}$ d'où $L' \supset L$. Mais comme L est d'ordre k_o et que $L/L_{k_o} = L'/L'_{k_o}$ on en déduit $L' = L$.

<u>En résumé</u>, on a un "théorème de réalisation standard" par les algèbres formelles plates :

PROPOSITION 27 L'algèbre formelle associée à la suite de définition standard d'un PLT plat standard est une algèbre plate. Réciproquement toute algèbre formelle plate est l'algèbre formelle d'un PLT plat standard.

<u>IX.2.3 Soit maintenant L une algèbre formelle</u> (dans $D(\mathbb{R}^n)$) ayant la propriété suivante : il existe dans L <u>une sous-algèbre ℓ supplémentaire de L_o et abélienne</u>. On dira alors que L est <u>de type plat</u>.

Bien entendu une algèbre formelle plate est de type plat $(\ell = \mathbb{R}^n)$. Plus généralement, si L est <u>conjuguée d'une algèbre plate L'</u> par l'action d'un jet infini de source et but 0 dans $\mathbb{R}^n$, il est clair que L est de type plat.

<u>Réciproquement</u> soit $L = \ell + L_o$ une algèbre formelle de type plat. Soit $(v_1,\dots,v_n)$ une base de ℓ. Considérons des champs de vecteurs différentiables $X_1,\dots,X_n$ sur $\mathbb{R}$ tels que :

$$j_o^\infty X_i = v_i \quad \text{pour} \quad i = 1,\dots,n.$$

Si $\varphi^i_{t_i}$ est le groupe local à un paramètre (au voisinage de l'origine) associé à X_i, considérons l'application :

$$(y^1,\dots,y^n) \overset{\varphi}{\to} [\varphi^1_{y^1} \circ \varphi^2_{y^2} \circ \dots \circ \varphi^n_{y^n}](0)$$

Elle définit un difféomorphisme local φ de $\mathbb{R}^n$ dans $\mathbb{R}^n$ qui laisse l'origine invariante. La condition $[v_i,v_j] = 0$ entaîne qu'au niveau des jets infinis à l'origine les groupes à un paramètre commutent. Par suite, dans les nouvelles coordonnées locales $(y^1,\dots,y^n)$ on aura :

$$v_i = j_o^\infty \frac{\partial}{\partial y^i}$$

donc le jet infini de $\overset{-1}{\varphi}$ transformera L en une algèbre plate.

<u>IX.2.4 Soit</u> Γ_S <u>un PLT plat standard</u> sur $\mathbb{R}^n$ dont la suite de définition standard est (E_S^k) et l'algèbre (plate) associée L.

On dira que Γ_S est <u>plat gradué</u> si L coïncide avec l'algèbre graduée associée (voir IV.2.3), c.a.d. si L est une sous-algèbre fermée de $D(\mathbb{R}^n)$ de la forme :

$$\mathbb{R}^n + g_L + g_L^1 + \dots + g_L^k + \dots$$

Si G_k est le groupe structural de E_L^k et $\mathcal{G}_k$ son algèbre de LIE, on a dans ce cas un isomorphisme canonique d'<u>espaces vectoriels</u> :

$$\mathcal{G}_k = g_L + g_L^1 + \dots + g_L^{k-1}$$

le crochet étant celui des développelents limités à l'ordre k de champs de vecteurs formels de $\mathbb{R}^n$. On dit alors que G_k est <u>complet gradué</u>.

Notons que pour tout k les éléments de $g_L^k \subset \mathbb{R}^n \otimes S^{k+1}(\mathbb{R}^{n*})$ définissent des <u>champs de vecteurs polynomiaux globaux</u> sur $\mathbb{R}^n$ qui seront des Γ_S-champs. Dans ce cas la transitivité infinitésimale des structures E_S^k résulte de façon élémentaire de l'existence de ces champs polynomiaux.

On peut caractériser <u>les algèbres formelles conjuguées des algèbres graduées plates</u> de la façon suivante : une algèbre formelle L sera dite <u>de type gradué plat</u> si pour tout $k \geq -1$ il existe un supplémentaire ℓ_{k-1} de L_k dans L_{k-1} avec les propriétés :

$$[\ell_k, \ell_{-1}] \subset \ell_{k-1} \quad \text{pour } k \geq -1 \quad (\text{on note } \ell_{-2} = 0)$$

Si L est de type plat gradué, elle est d'après le paragraphe précédent conjuguée d'une algèbre plate L' pour laquelle on aura une décomposition en produit direct (noté additivement) :

$$L' = \mathbb{R}^n + \ell'_0 + \ell'_1 + \ldots + \ell'_k + \ldots$$

d'ailleurs les conditions $[\ell'_k, \mathbb{R}^n] \subset \ell'_{k-1}$ entraînent $\ell'_k = g^k_{L'}$, donc L' est plate graduée.

IX.3 STRUCTURES FORMELLEMENT PLATES

IX.3.1 Soient V une variété différentiable de dimension n et $z^{k+1} = j_0^{k+1}\varphi$ un $(k+1)$-repère en un point x de V. Si z^k est la projection de z^{k+1} sur $B^k(V)$ on sait (voir chapitre I) que z^{k+1} définit un repère d'ordre 1 en z^k de $B^k(V)$, à savoir le 1-jet $j^1_{0^k} B^k(\varphi)$.

s^k_S étant la section standard de $B^k(\mathbb{R}^n)$, $B^k(\varphi)$ transporte cette section en une section de $B^k(V)$ au voisinage de x. De plus le 1-jet de cette section transportée ne dépend que du 1-jet en 0^k de $B^k(\varphi)$, c.a.d. de z^{k+1}. En fait ce 1-jet coïncide avec le 1-jet du repère naturel associé (au voisinage de x) à la carte locale φ^{-1}. Ainsi z^{k+1} définit un 1-jet de section de $B^k(V)$ passant par z^k.

Si z^k appartient à une G_k-structure $E^k_V(V,G_k)$, on dira que z^{k+1} est adapté à E^k_V si le 1-jet de section correspondant est adapté à E^k_V (c.a.d coïncide avec un 1-jet de section de E^k_V). Il revient au même de dire que $B^k(\varphi)$ établit un contact en z^k d'ordre 1 entre E^k_V et l'image par $B^k(\varphi)$ de la G_k-structure standard E^k_S.

Soient $\mathcal{G}_k$ l'algèbre de LIE de G_k et $V_k = \mathbb{R}^n + \mathcal{G}_k \subset \mathbb{R}^n + g\ell_{n,k} = \mathbb{R}^n_k$

$B^k(\varphi)'_{0^k}$ définit un isomorphisme de $\mathbb{R}^n_k$ sur $T_{z^k}(B^k(V))$. z^{k+1} sera donc adapté à E^k_V si et seulement si $B^k(\varphi)'_{0^k}$ applique V_k sur $T_{z^k}(E^k_V)$, c.a.d :

(59) $\theta^{k+1}_{z^{k+1}}$ en restriction au dessus de E^k_V est à valeurs dans V_k

Si z^{k+1} est adapté à E^k_V les autres $(k+1)$ repères adaptés à E^k_V

au dessus de x se déduisent de z^{k+1} par une translation à droite appartenant au groupe $G_{k(1)}$ introduit en IX.1.3.

DEFINITION 8 E_V^k est $(k+1)$-plate si pour tout $x \in V$ il existe un $(k+1)$-repère au-dessus de x adapté à E_V^k.

Compte tenu de la remarque précédente et du fait que les repères adaptés sont définis par l'équation (59) (qui peut s'écrire comme une condition de type tensoriel en termes de tenseur de structure), si E_V^k est $(k+1)$-plate l'ensemble $E_V^{k(1)}$ des $(k+1)$-repères adaptés forme une $G_{k(1)}$-structure sur V, appelée <u>prolongement d'ordre 1 de E_V^k</u>.

Par récurrence sur ℓ on dira que E_V^k est $(k+\ell)$-plate si $E_V^{k(\ell-1)}$ est $(k+\ell)$-plate et on pose alors $E_V^{k(\ell)} = E_V^{k(\ell-1)(1)}$, qui sera dit <u>prolongement d'ordre ℓ de E_V^k</u>. Si E_V^k est $(k+\ell)$-plate pour tout ℓ, on dit qu'elle est <u>formellement plate</u>. On pourra alors définir pour cette structure des prolongements d'ordre arbitrairement grand.

<u>IX.3.2 Il est immédiat de voir</u>, à l'aide des équivalences formelles, que si E_V^k est <u>formellement équivalente à la structure plate standard</u> E_S^k elle est formellement plate.

<u>Réciproquement</u>, soit E_V^k formellement plate. Notons $E_{V(\ell)}^{k+p}$ la projection sur $E_V^{k(p)}$ de $E_V^{k(p+\ell)}$ et :

$$(60) \qquad E_{V(R)}^{k+p} = \bigcap_{\ell} E_{V(\ell)}^{k+p} . \quad E_{V(R)}^{k+p+1} \text{ se projette sur } E_{V(R)}^{k+p}.$$

Sur $E_V^{k(p+\ell)}$ la forme fondamentale est à valeurs dans $\mathbb{R}^n + \mathcal{G}_{k(p+\ell-1)}$ avec les notations de IX.1. Donc, par exemple, sur $E_{V(R)}^{k+1}$ la forme fondamentale est à valeurs dans $V_{k(R)} = \mathbb{R}^n + \mathcal{G}_{k(R)}$ où $\mathcal{G}_{k(R)}$ est l'algèbre de LIE de $G_{k(R)}$, groupe structural de $E_{V(R)}^k$. De même aux ordres supérieurs.

Ainsi, la suite $(E_{V(R)}^{k+p})$ est une suite de structures <u>de type régulier</u> se projetant l'une sur l'autre, et <u>modelée sur l'algèbre formelle des</u>

<u>automorphismes infinitésimaux de la structure modèle</u> E^k_S. Il en résulte en particulier que $E^k_{V(R)}$ est formellement équivalente à $E^k_{S(R)}$, et par suite que E^k_V <u>est formellement équivalente à</u> E^k_S.

<u>IX.3.3 Soit</u> E^k_V <u>une</u> G_k<u>-structure formellement plate</u>. Par les formules (60) on a construit une suite de structures de type régulier, modelée sur une algèbre plate L et telle que la structure d'ordre k de la suite soit <u>subordonnée à</u> E^k_V. Au-dessus d'un ouvert simplement connexe de V on pourra choisir une suite de composantes connexes de façon à se ramener à des structures <u>de type connexe</u>. Ceci étant, et compte tenu du théorème de réalisation démontré pour les algèbres plates, <u>on aura ramené le problème d'équivalence pour les structures plates au problème relatif aux PLT plats standard</u>.

En résumé on a prouvé :

PROPOSITION 28 Si le théorème général d'équivalence est vrai pour les PLT plats (standard) il est vrai pour les algèbres formelles de type plat et il est vrai pour les G_k-structures plates.

CHAPITRE X THEOREME D'EQUIVALENCE 1

X.1 ENONCE ; PRINCIPE DE LA DEMONSTRATION

X.1.1 On se propose de démontrer :

> THEOREME I Le théorème général d'équivalence est vrai pour les PLT plats, les algèbres formelles plates, les structures infinitésimales principales plates.

D'après la proposition 28 il suffira de démontrer le théorème pour les PLT plats standard. On pourra d'ailleurs d'après V.3.4 se limiter au cas des PLT de type connexe.

X.1.2 On fera la démonstration par récurrence sur la dimension n des variétés considérées.

Pour $n = 1$ la démonstration est élémentaire (voir X.1.3)

En supposant le résultat vrai en dimension $\leq n-1$, on commencera par traiter le cas "irréductible", c.a.d. le cas où le PLT considéré Γ_S ne laisse aucun feuilletage invariant sur $\mathbb{R}^n$ (X.2)

Dans le cas où on a un feuilletage invariant, on fera le passage au quotient par ce feuilletage et en utilisant l'hypothèse de récurrence on se ramènera au cas où ce feuilletage invariant est minimal, le PLT obtenu par passage au quotient ne contenant plus que des translations (X.3)

Deux cas se présentent alors.

Dans le premier cas, le PLT plat obtenu est "de type abélien". Le problème d'équivalence se ramène alors à la résolution (locale) d'un système d'équations aux dérivées partielles linéaires à coefficients constants avec seconds membres C^∞, la condition de formelle intégrabilité étant assurée. Le théorème d'EHRENPREIS-MALGRANGE permet alors de conclure (X.4).

Dans le second cas on fait un nouveau passage au quotient, en travaillant cette fois sur la structure d'ordre 1 de la suite de définition (XI.1). Pour le problème d'équivalence obtenu après passage au quotient, deux situations typiques se présentent :

- "quotients de type abelien" pour lesquels le théorème d'équivalence se démontre comme pour un PLT plat de type abélien (XI.2)

- "quotients de type non abelien minimal" pour lesquels on se ramène au théorème de FROBENIUS ou à sa version complexe à l'aide de techniques dues essentiellement à V. GUILLEMIN (XI.3)

Une fois le problème résolu pour les structures quotient, le LEMME de REDUCTION permet de réduire le problème initial à la situation suivante : l'idéal associé au feuilletage minimal de la variété modèle $\mathbb{R}^n$ est non abelien minimal. En utilisant à nouveau les techniques de V. GUILLEMIN on se ramène alors à des cas classiques traités antérieurement (XI.4).

X.1.3 Démontrons le théorème pour $n = 1$.

Pour tout k, $g\ell_{1,k} = \mathbb{R} \otimes S^{k+1}(\mathbb{R}^*)$ est de dimension 1. Donc si L est une algèbre formelle dans $D(\mathbb{R})$, pour tout k, $g_L^k = g\ell(1,\mathbb{R})^{(k)}$ ou bien $g_L^k = 0$. Par suite :

- si L est de type infini on a $L = D(\mathbb{R})$ et Γ_S est le PLT $\mathrm{Diff}(\mathbb{R})$ de tous les diffeomorphismes locaux de $\mathbb{R}$ ou le PLT connexe $\mathrm{Diff}^+(\mathbb{R})$ des difféomorphismes locaux de $\mathbb{R}$ qui respectent l'orientation. Dans les deux cas le théorème d'équivalence est trivial.

- si L est de type fini, Γ_S est de type fini et le théorème d'équivalence est vrai d'après la proposition 19.

On pourra d'ailleurs remarquer, à titre de curiosité, que si L est de type fini, alors $g_L^2 = 0$ car sinon les relations $[g_L^i, g_L^j] \subset g_L^{i+j}$ entraîneraient $g_L^k \neq 0$ pour tout k. Donc L est de dimension 1,2 ou 3, la graduée associée étant l'une des algèbres plates suivantes :

$$\begin{cases} \mathbb{R} + g\ell(1,\mathbb{R}) + g\ell(1,\mathbb{R})^{(1)} \\ \mathbb{R} + g\ell(1,\mathbb{R}) \\ \mathbb{R} \end{cases}$$

X.2 LE CAS IRREDUCTIBLE

X.2.1 Soit Γ_S un PLT plat standard connexe sur $\mathbb{R}^n$. On dira que Γ_S est irréductible s'il ne laisse aucun feuilletage invariant sur $\mathbb{R}^n$.

Considérons la suite de définition standard (E_S^k) de Γ_S et soit L l'algèbre formelle associée. Notons $\mathcal{G}_1 = g_L$ l'algèbre de LIE du groupe structural G_1 de E_S^1.

Si g_L est irréductible, c.a.d. ne laisse aucun sous-espace de $\mathbb{R}^n$ invariant, G_1 ne laisse aucun sous-espace de $\mathbb{R}^n$ invariant, donc Γ_S ne laisse aucun champ d'éléments de contact (donc aucun feuilletage) invariant.

Réciproquement si Γ_S ne laisse aucun feuilletage invariant, supposons que g_L laisse un sous-espace E de $\mathbb{R}^n$ invariant. G_1 étant connexe laissera le même sous-espace invariant. Donc E_S^1 sera subordonnée à une G-structure, où G est le sous-groupe de $GL(n,\mathbb{R})$ laissant $\mathbb{E}$ invariant. Cette G-structure définit un champ d'éléments de contact sur $\mathbb{R}^n$ invariant par Γ_S. En particulier ce champ est invariant par translations, donc c'est le feuilletage de $\mathbb{R}^n$ par les sous-espaces affines parallèles à $\mathbb{E}$.

Ainsi Γ_S est irréductible si et seulement si g_L est irréductible.

X.2.2 SINGER-STERNBERG ont démontré (voir [41]) un théorème de classification des algèbres formelles L de type infini pour lesquelles g_L est irréductible. Dans sa version initiale le résultat est du à E. CARTAN. On peut formuler ce résultat de la façon suivante :

THEOREME DE CLASSIFICATION DE CARTAN Soit L une algèbre formelle dans $D(\mathbb{R}^n)$ de type infini et telle que g_L soit irréductible. Alors L est plate graduée et on a l'une des deux possibilités suivantes :

(i) $L = \mathbb{R}^n + g_L + g_L^{(1)} + \ldots + g_L^{(k)} + \ldots$ où g_L est l'algèbre de LIE de l'un des groupes de LIE G mentionnés en II.2.2 a),f),g),h),i),j).

(ii) $[L,L] = \ell$ est l'une des six algèbres précédentes. C'est de plus un idéal fermé d'ordre 1 et de codimension 1 ou 2 dans L.

De plus les six algèbres de LIE mentionnées en (i) sont simples.

X.2.3. Démontrons le théorème général d'équivalence pour les PLT plats irréductibles de type infini.

La proposition 25 permet de se ramener au cas des six algèbres mentionnées en (i). En effet, dans le cas (ii) on a toujours une sous-structure modèle transitive de codimension finie correspondant à l'une des six algèbres simples. Notons en passant (nous l'utiliserons en XI.1) qu'on a dans cette situation $L = \mathbb{R}^n + g_L + g_\ell^{(1)} + \ldots + g_\ell^{(k)} + \ldots$ et que g_ℓ est un idéal (de codimension 1 ou 2) dans g_L.

On a donc à vérifier le théorème général d'équivalence pour les six algèbres formelles irréductibles simples de type infini. Comme elles sont d'ordre 1, on est ramené à démontrer le théorème d'équivalence pour les G-structures plates où G est l'un des 6 groupes suivants :

(1) $GL(n,\mathbb{R})$ (2) $SL(n,\mathbb{R})$ (3) $Sp(n,\mathbb{R})$

(4) $GL(m,\mathbb{C})$ (5) $SL(m,\mathbb{C})$ (6) $Sp(m,\mathbb{C})$

- Le cas (1) est trivial, toute G-structure de ce type étant plate.

- Si $G = SL(n,\mathbb{R})$, considérons une G-structure arbitraire. Elle correspond à la donnée sur une variété V d'une n-forme u_V partout différente de 0. Une telle structure est toujours plate. En effet, dans des coordonnées locales arbitraires $(x^1,\ldots,x^n)$ on aura :

$u_V = f(x^1,\dots,x^n)dx^1 \wedge dx^2 \wedge\dots\wedge dx^n$

Au voisinage du point de coordonnées $(x_o^1,\dots,x_o^n)$ posons :

$$y^1(x^1,\dots,x^n) = \int_{x_o^1}^{x^1} f(t,x^2,\dots,x^n)dt$$

$(y^1,x^2,\dots,x^n)$ forme un nouveau système de coordonnées locales qui est adapté à la structure car $u_V = dy^1 \wedge dx^2 \wedge\dots\wedge dx^n$

- Si $G = Sp(n,\mathbb{R})$, $n = 2p$, une G-structure est définie par une 2-forme ω sur V ayant la propriété de rang maximum ($\omega^p \neq 0$ en tout point). Si la G-structure est formellement plate, on aura $d\omega = 0$ car la différentielle en un point de ω est définie par le jet d'ordre 1 de la structure. On utilisera alors le THEOREME classique de DARBOUX : si ω est une forme fermée de rang maximum sur V il existe des coordonnées locales au voisinage de chaque point dans lesquelles ω s'écrit $dx^1 \wedge dx^2 + dx^3 \wedge dx^4 +\dots+ dx^{2p-1} \wedge dx^{2p}$.

On notera que les démonstrations élémentaires de ce résultat (GODBILLON [11],VI,4, ou bien STERNBERG $[43]_b$,III,6) reposent essentiellement sur le théorème de FROBENIUS.

Dans ce cas le théorème d'équivalence est établi.

- Si $G = GL(m,\mathbb{C})$ avec $n = 2m$, une G-structure E_V^1 sur V est une structure presque complexe. Pour une telle structure on définit classiquement (voir [19]) la torsion qui correspond au tenseur de structure d'ordre 1 (V.4). Si une G-structure est formellement plate ce tenseur sera nul. On utilisera alors le :

THEOREME de NEWLANDER-NIRENBERG (voir $[30]_b$ et [33]) : si une structure presque complexe est sans torsion elle est plate.

qui entraîne le théorème d'équivalence dans ce cas.

On peut en déduire une version complexe du théorème de FROBENIUS due à NIRENBERG (voir [35]) : si $n = m + 2p$ considérons $\mathbb{C}^p$ comme le quotient de $\mathbb{R}^n$ par $\mathbb{R}^m$ et soit G_1 le sous-groupe de $GL(n,\mathbb{R})$ formé des transformations qui laissent $\mathbb{R}^m$ invariant et se projettent sur $\mathbb{C}^p$ en automorphismes complexes. Une G_1-structure plate sera un <u>feuilletage transversalement complexe</u> de codimension complexe p.

Si Γ_{1S} est le PLT des automorphismes locaux de la G_1-structure plate standard, par la projection $\pi : \mathbb{R}^n \to \mathbb{C}^p$ Γ_{1S} est <u>la préimage</u> (VII.3.3) du PLT des difféomorphismes locaux biholomorphes de $\mathbb{C}^p$. Le théorème de NEWLANDER-NIRENBERG assure que le théorème d'équivalence est vrai pour ce dernier. D'où, d'après VII.3.3 :

THEOREME de FROBENIUS COMPLEXE : le théorème général d'équivalence est vrai pour les G_1-structures plates.

- <u>Si $G = SL(m,\mathbb{C})$</u> avec $n = 2m$, une G-structure E^1_V sur V définit une structure presque-complexe munie d'une m-forme complexe partout non nulle. Si E^1_V est formellement plate, la structure presque complexe sera plate. En coordonnées locales (complexes) adaptées la m-forme complexe sera définie par :

$$u_V = f(z^1,\ldots,z^m)dz^1 \wedge dz^2 \wedge\ldots\wedge dz^m$$

De plus l'équivalence formelle avec le modèle entraîne $du_V = 0$ d'où <u>f holomorphe</u>. On prendra alors pour y^1 une primitive complexe de f, considérée comme fonction de z^1 (avec $z^2,\ldots,z^m$ comme paramètres). Dans le nouveau système de coordonnées locales $(y^1,z^2,\ldots,z^m)$ ω s'écrira :

$$u_V = dy^1 \wedge dz^2 \wedge\ldots\wedge dz^m$$

d'où le théorème d'équivalence.

- <u>Si $G = Sp(m,\mathbb{C})$</u> avec $n = 2m$, toute G-structure formellement plate E^1_V définira comme dans le cas précédent une structure complexe sur V. On aura alors sur V une 2-forme complexe ω de rang maximum définissant la structure. Par équivalence formelle ω sera fermée. Le théorème d'équivalence résultera alors de la <u>version complexe du théorème de DARBOUX</u>, qui résultera du théorème de FROBENIUS complexe démontré plus haut (il suffit pour le démontrer de suivre pas à pas la démonstration du théorème de DARBOUX en remplaçant les données réelles par des données complexes).

X.2.4 Si maintenant Γ_S est un PLT plat standard irréductible sur R^n de type fini, le théorème d'équivalence résulte de la proposition 19.

On a donc démontré le théorème si Γ_S est irréductible.

Pour les besoins ultérieurs (XI.1) on va brièvement étudier les algèbres formelles L dans $D(\mathbb{R}^n)$ qui sont plates, telles que g_L irréductible et de type fini. Ceci complètera le théorème de classification de CARTAN.

L étant plate on a $L = \mathbb{R}^n \oplus L_o$

Soit I un idéal minimal non nul de L. Dans une algèbre de LIE de dimension finie, un idéal minimal est nécessairement simple ou abélien (il ne peut avoir d'idéal caractéristique non trivial). D'où trois possibilités :

a) $I = L$ b) I abélien c) I simple $\neq L$

- Si $L = I$ on a donc L simple

Si $I \neq L$ notons E la projection de I sur $\mathbb{R}^n = L/L_o$. De $[L_o, I] \subset I$ résulte que E est invariant par g_L d'où $E = 0$ ou $\mathbb{R}^n$. $E = 0$ signifie $I \subset L_o$. Mais la relation $[\mathbb{R}^n, I] \subset I$ entraîne alors par récurrence sur k $I \subset L_k$ pour tout k, d'où $I = 0$ ce qui est contraire aux hypothèses. Donc $E = \mathbb{R}^n$, c.a.d :

$$L = I + L_o$$

- Si I est abélien, soit $J = I \cap L_o$ et $I = J \oplus J'$. De $[J', J] = 0$ et $J \subset L_o$ on déduit par récurrence $J \subset L_k$ pour tout k d'où $J = 0$ et $I = J'$, c.a.d. :

$$L = I \oplus L_o$$

De plus $[I,L_1] \subset L_0 \cap I = 0$ donc L_1 est un idéal de L contenu dans L_0, donc nul : $L_1 = 0$

- Si <u>I est simple</u>, il admet dans L un idéal commutant supplémentaire I'. On aura donc $L = I \oplus I'$ avec $[I,I'] = 0$. Mais, comme on l'a démontré pour I, I' se projette sur $\mathbb{R}^n$ surjectivement. Donc $L = I + L_0 = I' + L_0$. $J = I \cap L_0$ vérifie $[I',J] = 0$ et $J \subset L_0$ d'où par récurrence $J \subset L_k$ pour tout k et $J = 0$. De même on a $J' = I' \cap L_0 = 0$.

Ainsi dans ce cas $L = I \oplus I' = I \oplus L_0 = I' \oplus L_0$ et $[I,I'] = 0$

On a $[I,L_1] \subset L_0 \cap I = 0$ d'où comme dans le cas précédent $L_1 = 0$

Enfin I' est simple car il suffit de répéter les raisonnements ci-dessus pour un idéal minimal non nul I'_1 de L contenu dans I' pour trouver $L = I'_1 \oplus L_0$ d'où $I' = I'_1$.

En résumé :

PROPOSITION 29 Si L est une algèbre formelle plate de type fini telle que g_L irréductible, alors on a l'un des cas suivants :

(i) L simple

(ii) $L = \mathbb{R}^n \oplus L_0 = I \oplus L_0$ où I idéal abélien de L et $L_1 = 0$

(iii) $L = \mathbb{R}^n \oplus L_0 = I \oplus L_0 = I' \oplus L_0 = I \oplus I'$ où I et I' sont des idéaux simples commutant de L et $L_1 = 0$.

Notons que dans les cas (ii) et (iii) l'idéal I est d'ordre 1 dans L. Remarquons aussi que dans le cas (iii) en décomposant la sous-algèbre abélienne R^n suivant la décomposition $I \oplus I'$ on obtient des projections $\pi : \mathbb{R}^n \to I$ et $\pi' : \mathbb{R}^n \to I'$. Si A est l'image de π, A' celle de π', on voit que A et A' sont des sous-algèbres abéliennes de I et I' respectivement. I' et I s'identifient en tant qu'espaces vectoriels avec des crochets opposés. A' définit donc une sous-algèbre abélienne de I supplémentaire de A. Ainsi l'algèbre de LIE simple I est somme directe de deux sous-algèbres abéliennes. Ce cas très particulier ne se présente pas dans l'étude du problème d'équivalence pour les PLT plats gradués.

X.3. CAS NON IRREDUCTIBLE ; PREMIERE REDUCTION DU PROBLEME

X.3.1 On suppose désormais que le PLT plat standard Γ_S laisse invariant un feuilletage de $\mathbb{R}^n$, c.a.d. que g_L laisse un sous-espace $\mathbb{E}$ de $\mathbb{R}^n$ invariant. Par un changement de base dans $\mathbb{R}^n$ on se ramène au cas $\mathbb{E} = \mathbb{R}^m$ et on peut de plus supposer que le sous-espace invariant $\mathbb{R}^m$ choisi est un sous-espace invariant minimal par g_L. Γ_S laisse invariant le feuilletage $\mathfrak{F}_q^n$ de $\mathbb{R}^n$ par les sous-espaces affines parallèles à $\mathbb{R}^m$.

(E_S^k) étant la suite de définition standard de Γ_S, le groupe structural G_1 de E_S^1 sera un groupe connexe (on s'est ramené au cas où Γ_S est de type connexe) de matrices laissant invariant $\mathbb{R}^m$ et opérant irréductiblement dans ce sous-espace.

Par passage au quotient Γ_S définit un PLT sur $\mathbb{R}^q$ qui contient les translations ; donc c'est un PLT plat standard Γ_{qS} sur $\mathbb{R}^q$. Soit (E_{qS}^k) la suite de définition de Γ_{qS} obtenue par passage au quotient à partir de (E_S^k). On notera $\pi^{(k)} : E_S^k \to E_{qS}^k$ la projection naturelle, conformément à VII.1.1.

X.3.2. L étant l'algèbre formelle de Γ_S associée à la suite de définition (E_S^k), I l'idéal fermé défini par le feuilletage invariant $\mathfrak{F}_q^n$, l'algèbre formelle du PLT Γ_{qS} est $L' = L/I$. Notons :

$\pi_0 : L \to L'$ la projection naturelle.

ℓ' étant la sous-algèbre abélienne $\mathbb{R}^q$ de l'algèbre plate L', posons :

$$\ell = \pi_0^{-1}(\ell') \tag{61}$$

ℓ contient $\mathbb{R}^n$, donc c'est une sous-algèbre plate de L. Soit γ_S le PLT plat standard associé.

g_ℓ est une algèbre de matrices dans $g\ell(n,R)$ qui laissent invariant le sous-espace $\mathbb{R}^m$ et qui se projettent sur $\mathbb{R}^q$ suivant l'endomorphisme 0.

L'hypothèse de récurrence faite en X.1.2. entraîne que le théorème général d'équivalence est vrai pour Γ_{qS}, donc pour L'.

Le LEMME de REDUCTION permet alors de ramener la démonstration du théorème I au cas du PLT γ_S.

On s'est donc ramené (avec les notations initiales) au cas où le groupe structural G_1 de E^1_S est formé de matrices de la forme :

$$(62) \qquad \left[\begin{array}{c|c} g^i_j & g^i_{j*} \\ \hline 0..0 & 10..0 \\ \cdots & 01... \\ 0..0 & 0 \quad 1 \end{array}\right] \quad \text{avec } i,j = 1,..,m \text{ et } j_* = m+1,..,n$$

Il peut se faire que pour ce nouveau groupe G_1 le sous-espace invariant $\mathbb{R}^m$ ne soit plus minimal. On devra alors recommencer l'opération de réduction précédente en passant au quotient par un feuilletage invariant minimal. Au bout d'un nombre fini (pour des raisons de dimension) d'opérations de ce genre on est ramené au cas où $\mathbb{R}^m$ est un sous-espace invariant minimal pour le groupe G_1.

On notera $H_1 \subset GL(m,\mathbb{R})$ le groupe des matrices $[g^i_j]$ associées aux matrices de G_1. On aura dans la suite à distinguer deux cas :

(a) $m = 1$ et $H_1 = \{e\}$. On appellera ce cas "cas abélien".

(b) $H_1 \neq \{e\}$. On appellera ce cas "cas non abélien" bien que, si $m = 1$ par exemple, le groupe H_1 puisse fort bien être abélien.

X.3.3 Au lieu d'utiliser le LEMME de REDUCTION on aurait pu faire un raisonnement géométrique direct essentiellement équivalent (voir [6]) :

Si s^k_{qS} est la <u>section standard</u> de E^k_{qS} pour tout k, on notera e^k_S la préimage par $\pi^{(k)}$ dans E^k_S de la section standard. La suite de structures (e^k_S) ainsi définie admet γ_S comme PLT d'automorphismes locaux simultanés.

Si (E^k_V) est la suite de définition modelée sur (E^k_M) d'une presque-Γ_S-structure sur V, on effectue le passage au quotient local $\pi_V : V \to W$ qui définit sur W une presque-Γ_{qS}-structure de suite de définition (E^k_W). L'hypothèse de récurrence permet de définir des coordonnées locales adaptées à cette structure, c.a.d, des sections locales s^k_W de E^k_W correspondant aux repères naturels de coordonnées. Les préimages e^k_V de ces sections locales par $\pi^{(k)}_V$ seront alors formellement équivalentes aux structures modèles e^k_S. D'où la réduction cherchée pour le problème d'équivalence.

A noter que les structures plates e^k_S ne sont pas nécessairement complètes et qu'il faut donc (par cette méthode) construire les réductions standard par la technique indiquée au chapitre IX, à la fois pour la presque-structure (e^k_V) et pour le modèle. Ceci correspond au fait que l'idéal I n'est pas nécessairement d'ordre 0.

X.4 LE CAS ABELIEN

X.4.1 On est dans le cas où le groupe structural G_1 de E^1_V est formé de matrices de la forme :

$$\begin{bmatrix} 1 & a_2 & a_3 & \cdots & a_n \\ 0 & 1 & 0 & \cdots & 0 \\ \cdots & & \ddots & & \cdots \\ 0 & 0 & \cdots & 0 & 1 \end{bmatrix} \tag{63}$$

Le PLT plat standard considéré Γ_S est donc formé de difféomorphismes locaux du type :

(64) $\varphi(x^1,\dots,x^n) = (x^1 + f(x^2,\dots,x^n),\ x^2 + x_o^2,\dots,x^n + x_o^n)$

On notera $\hat{\Gamma}_S$ le PLT de tous les difféomorphismes locaux de $\mathbb{R}^n$ de la forme (64). Autrement dit c'est le PLT des automorphismes locaux de la $\hat{G}_1$-structure plate standard, où $\hat{G}_1$ est le groupe de toutes les matrices de la forme (63). Ce PLT est visiblement d'ordre 1.

X.4.2. On commence par démontrer le théorème d'équivalence pour $\hat{\Gamma}_S$, ou ce qui revient au même, Γ_S étant d'ordre 1 :

PROPOSITION 30 Toute $\hat{G}_1$-structure formellement plate est plate.

démonstration : soit $\hat{E}_V^1$ une $\hat{G}_1$-structure formellement plate sur V. Elle définit un feuilletage sur V dont les feuilles sont de dimension 1. Par passage au quotient suivant ce feuilletage on obtient une $\{e\}$-structure formellement plate donc plate, c.a.d. (n-1) champs de vecteurs commutant sur une variété quotient locale W. Le long des feuilles on a un champ de vecteurs X_1. Soit $\widetilde{W}$ une variété transverse aux feuilles locales. Elle s'identifie localement à W. On a donc sur $\widetilde{W}$(n-1) champs de vecteurs $X_2,\dots,X_n$ commutant. On les prolonge (localement) dans V par transport suivant le groupe local à un paramètre associé à X_1. Par construction $X_1, X_2,\dots,X_n$ commutent et sont linéairement indépendants (localement). Ils définissent une $\{e\}$-structure plate (locale) subordonnée à $\hat{E}_V^1$ et par conséquent des coordonnées locales adaptées à la presque-structure.

C.Q.F.D

X.4.3 E_V^1, structure d'ordre 1 de la suite de définition (E_V^k) de la presque-Γ_S-structure considérée sur V définit, par agrandissement du groupe structural à $\hat{G}_1$, une $\hat{G}_1$-structure formellement plate donc plate. On pourra donc sur V, d'après ce qui précède, utiliser des coordonnées locales $(y^1,\dots,y^n)$ adaptées à cette $\hat{G}_1$-structure.

On prend un entier <u>k supérieur à l'ordre</u> de Γ_S. Le problème d'équivalence est celui de la G_k-structure plate standard E^k_S. <u>Il faut démontrer</u> que E^k_V est localement équivalente à E^k_S, c.a.d. <u>qu'il existe sur V des coordonnées locales adaptées à E^k_V</u>.

Relativement aux coordonnées $(x^1,\dots,x^n)$ de $\mathbb{R}^n$ et $(y^1,\dots,y^n)$ de V tout k-repère $z^k \in E^k_V$ est de la forme :

$$z^k = j^k_o\varphi \quad \text{avec} \quad \begin{array}{l} \varphi^1(x^1,\dots,x^n) = x^1 + f(x^2,\dots,x^n) + y^1 \\ \varphi^i(x^1,\dots,x^n) = x^i + y^i \quad \text{pour } i = 2,\dots,n. \end{array}$$

$y = (y^1,\dots,y^n)$ est le but de z^k. <u>z^k est déterminé par y et $j^k_o f = f^k$</u>.

E^k_V pourra être définie localement par une section σ^k. En tout point y, $\sigma^k(y)$ sera déterminé par le k-jet $f^k(y)$ correspondant.

Une <u>équivalence locale</u> ψ de E^k_V avec E^k_S sera définie en coordonnées locales (si elle existe) par ses composantes :

$$\begin{cases} \psi^1(y^1,\dots,y^n) = y^1 + g(y^2,\dots,y^n) + c^1 \\ \psi^i(y^1,\dots,y^n) = y^i + c^i \qquad \text{pour } i = 2,\dots,n \end{cases}$$

où les $(c^1,\dots,c^n)$ seront des constantes, avec la condition :

$$B^k(\psi)(\sigma^k(y)) \in E^k_S \quad \text{pour tout } y$$

soit $j^k_y\psi \circ \sigma^k(y) \in \mathbb{R}^n \times G_k$ ou encore, si $\mathfrak{g}_k$ est l'algèbre de LIE de G_k, qui peut être regardée comme un sous-espace de l'espace des k-jets à l'origine de fonctions de $(n-1)$ variables :

$$(65) \qquad j^k_y g + f^k(y) \in \mathfrak{g}_k \quad \text{pour } y \in V$$

Si $\mathfrak{g}_k$ est définie dans l'espace des k-jets de fonctions par des équations linéaires $(E_\alpha)_{\alpha\in A}$, ceci s'écrit : $E_\alpha(j^k_y g) = -E_\alpha(f^k(y))$ pour $\alpha \in A$ et $y \in V$ ou encore, $E_\alpha \circ j^k$ pouvant être regardé comme un opérateur différentiel d'ordre k à coefficients constants D_α sur les fonctions de $(n-1)$ variables :

$$(66) \qquad D_\alpha\, g(y) = -\,E_\alpha(f^k(y)) = f_\alpha(y) \quad \text{pour } \alpha \in A \text{ et } y \in V$$

Sous cette forme on voit que les équivalences locales sont les solutions d'un système d'équations aux dérivées partielles linéaires à coefficients constants et seconds membres C^{∞}. L'hypothèse d'équivalence formelle avec le modèle entraîne que (66) est <u>formellement intégrable</u>. D'après le théorème d'EHRENPREIS-MALGRANGE le système (66) aura au voisinage de chaque point de V des solutions locales. D'où l'existence d'équivalences locales avec le modèle.

Le théorème d'équivalence est donc prouvé dans ce cas.

CHAPITRE XI THEOREME D'EQUIVALENCE 2

Il nous reste dans ce chapitre à démontrer le theorème d'équivalence dans le cas suivant : Γ_S est un PLT plat standard de type connexe, de PAL $\mathcal{L}_S$, de suite de définition standard (E_S^k) et d'algèbre formelle associée L. Le groupe structural G_1 de E_S^1 est formé de matrices de la forme :

$$\left[\begin{array}{c|c} g_j^i & g_{j*}^i \\ \hline 0\ldots0 & 1\ldots0 \\ \ldots\ldots & \ldots\ldots \\ 0\ldots0 & 0\ldots1 \end{array}\right] \quad \text{où} \quad i,j = 1,\ldots,m \quad \text{et} \quad j_* = m+1,\ldots,n$$

De plus le groupe H_1 des matrices associées $\left[g_j^i\right]$ n'est pas réduit à l'identité et ne laisse aucun sous-espace invariant dans $\mathbb{R}^m$. On identifie $\mathbb{R}^n$ à $\mathbb{R}^m \oplus \mathbb{R}^q$.

XI.1 UN NOUVEAU PASSAGE AU QUOTIENT

XI.1.1 On notera désormais $(x^1,\ldots,x^m,y^1,\ldots,y^q)$ les coordonnées sur R^n. Si X est un Γ_S-champ de vecteurs (local) sur $\mathbb{R}^n$, soit :

$$X = \sum_{i=1}^{m} X^i(x,y)\frac{\partial}{\partial x^i} + \sum_{k=1}^{q} Y^k(x,y)\frac{\partial}{\partial y^k}$$

X doit se projeter sur $\mathbb{R}^q$ suivant un automorphisme infinitésimal de la $\{e\}$-structure plate standard. D'où : $Y^k(x,y) =$ constante. On notera $Y^k(x,y) = c^k$.

D'autre part, en appliquant les équations (54) définissant les automorphismes infinitésimaux de E_S^1 on voit que si h_1 est l'algèbre de LIE de H_1 les fonctions $X^i(x,y)$ doivent vérifier :

$$(67) \qquad \left[\frac{\partial X^i}{\partial x^j}(x,y)\right] \in h_1$$

Ainsi, les Γ_S-champs de vecteurs locaux sont de la forme

$$(68) \qquad X = \sum_{i=1}^{m} X^i(x,y) \frac{\partial}{\partial x^i} + \sum_{k=1}^{q} c^k \frac{\partial}{\partial y^k} \quad \text{avec la condition (67)}$$

Sous cette forme on voit que $\mathcal{L}_S$ est somme directe :

$$(69) \qquad \mathcal{L}_S = \mathcal{J}_S \oplus \mathbb{R}^q$$

d'un faisceau $\mathcal{J}_S$ de germes de champs verticaux et du faisceau des germes de champs constants parallèles à $\mathbb{R}^q$, qui s'identifie à $\mathbb{R}^q$. $\mathcal{J}_S$ contient en particulier les germes de champs constants parallèles à $\mathbb{R}^m$.

<u>XI.1.2 Pour k arbitraire</u> G_k est formé de k-jets de source et but 0 d'éléments $\varphi \in \Gamma_S$. $\varphi(0) = 0$ entraîne que φ laisse invariant $\mathbb{R}^m$ et induit donc un difféomorphisme local de $\mathbb{R}^m$. D'où une projection de G_k dans $GL_{m,k}$ dont on notera l'image H_k.

La restriction de E^k_S au dessus de $\mathbb{R}^m$ définira par le même procédé une H_k-structure sur $\mathbb{R}^m$, notée E^k_{ov}. On remarquera que E^k_{ov} est la H_k-structure standard sur $\mathbb{R}^m$ car elle contient la section plate standard s^k_v.

Si Γ_{ov} est l'ensemble des restrictions à $\mathbb{R}^m$ des éléments de Γ_S qui laissent $\mathbb{R}^m$ invariant (c.a.d. qui se projettent suivant l'identité sur $\mathbb{R}^q$), Γ_{ov} <u>est contenu dans le PLT plat standard</u> $\hat{\Gamma}_{ov}$ <u>de suite de</u> définition (E^k_{ov}).

La PAL $\hat{\mathcal{L}}_{ov}$ de $\hat{\Gamma}_{ov}$ contient la restriction de $\mathcal{J}_S$ au sous-espace R^m.

<u>En particulier</u> E^1_{ov} est la H_1-structure plate standard. Comme H_1 est irréductible (connexe) $\hat{\Gamma}_{ov}$ <u>est un PLT plat standard</u> (de type connexe) <u>irréductible</u> sur $\mathbb{R}^m$. Si L_v est l'algèbre formelle associée à (E^k_{ov}) il résulte de X.2 que l'on a l'une des possibilités suivantes :

(70) $\qquad$ a - L_v simple de type infini

b - $[L_v, L_v] = \ell_v$ simple de type infini

c - L_v simple de type fini

d - $L_v = I_v \oplus L_{vo}$ avec $L_{v1} = 0$, I_v étant un idéal simple ou abélien de L_v.

Notons enfin que si (par projection parallèle à $\mathbb{R}^q$) on identifie à $\mathbb{R}^m$ les sous-espaces affines parallèles, pour tout $y \in R^q$ les restrictions φ_y à $y + R^m$ des éléments φ "verticaux" de Γ_S appartiennent encore à $\hat{\Gamma}_{ov}$. De même, si X est un Γ_S-champ local "vertical" :

$$X = \sum_{i=1}^{m} X^i(x,y) \frac{\partial}{\partial x^i}$$

alors pour tout y fixé le champ X_y correspondant sur $\mathbb{R}^m$ est un $\hat{\Gamma}_{ov}$-champ local. Ces dernières remarques résultent simplement du fait que Γ_S contient les translations parallèles à $\mathbb{R}^q$.

XI.1.3 L'algèbre formelle L de Γ_S est formée des Γ_S-champs formels à l'origine, c.a.d. des séries de TAYLOR des champs locaux de la forme (68). Soit :

$$(71) \qquad \xi = \sum_{i=1}^{m} \xi^i(x,y) \frac{\partial}{\partial x^i}$$

un Γ_S-champ formel vertical à l'origine. On peut considérer les séries formelles correspondantes comme des séries formelles en y à valeurs dans $D(\mathbb{R}^m)$. Ceci étant, ξ sera d'après ce qui précède une série formelle en y à valeurs dans L_v.

On s'intéresse aux cas où L_v n'est pas simple. Donc on est dans l'un des cas (70)b ou (70)d. Dans le premier cas on notera $I_v = \ell_v$. Dans tous les cas I_v sera donc un idéal transitif de codimension finie de L_v.

Notons alors I l'idéal de L formé des Γ_S-champs formels verticaux tels que la série formelle en y correspondante soit à valeurs dans I_v.

Le fait que I soit un idéal (fermé) de L est immédiat.

On notera :

(72) $L' = L/I$ et $\ell = \mathbb{R}^q + I$

<u>XI.1.4 Soit E^1_v le H_1-fibré principal</u> sur $\mathbb{R}^n$ obtenu par passage au quotient à partir de E^1_S. Si l'on veut, E^1_v est le "fibré des repères verticaux" associé à E^1_S. En restriction au dessus des plans parallèles à $\mathbb{R}^m$ E^1_v s'identifie (par projection parallèle à $\mathbb{R}^q$) à E^1_{ov}. L'idéal I_v (d'ordre 1 dans L_v) détermine donc un feuilletage $\mathcal{F}^1_v$ dans E^1_v au dessus du feuilletage $\mathcal{F}^n_q$ de $\mathbb{R}^n$. $\mathcal{F}^1_v$ est invariant par le PLT Γ^1_v sur E^1_v obtenu par passage au quotient à partir de Γ^1_S. On notera que l'algèbre formelle de Γ^1_v est encore L (Γ^1_S est un "prolongement généralisé" de Γ^1_v).

Les feuilles de $\mathcal{F}^1_v$ sont des fibrés principaux au-dessus des feuilles correspondantes de $\mathcal{F}^n_q$, le groupe structural K_1 de ces fibrés principaux étant invariant dans H_1. Soit k_1 l'algèbre de LIE de K_1. Dans le cas (70)b k_1 est l'idéal dérivé de h_1 ; dans le cas (70)d $k_1 = 0$.

Par passage au quotient suivant le feuilletage $\mathcal{F}^1_v$ on obtient donc un H-fibré principal sur $\mathbb{R}^q$, où $H = H_1/K_1$. La section standard s^1_S de E^1_S, restreinte au-dessus de $\mathbb{R}^q$, définit une section de ce H-fibré principal qu'on pourra donc identifier à $\mathbb{R}^q \times H$. Enfin, par passage au quotient à partir de Γ^1_v on obtient <u>un PLT γ sur $\mathbb{R}^q \times H$ d'automorphismes locaux de ce fibré principal</u>, contenant en particulier les "translations":

$$(y,\eta) \mapsto (y+y_0,\eta)$$

<u>L'algèbre formelle de γ est $L' = L/I$</u>. D'après le LEMME de REDUCTION <u>si le théorème d'équivalence est vrai pour</u> γ alors la démonstration du Théorème d'équivalence pour L <u>se ramène à la démonstration du théorème pour ℓ</u>.

Les paragraphes XI.2 et XI.3 seront consacrés à la démonstration du théorème d'équivalence pour γ.

XI.1.5 Regardons d'un peu plus près les trois cas possibles (en supposant toujours que L_v n'est pas simple) :

$(70)_b$ $I_v = [L_v, L_v]$ $k_1 = [h_1, h_1]$ donc H est abélien de dimension 1 ou 2 (cas d'un "quotient de type abélien")

$(70)_{d1}$ I_v simple $L_v = I_v \oplus I'_v = I_v \oplus L_{vo}$ avec I'_v simple et $L_{v1} = 0$. Dans ce cas $k_1 = 0$ et h_1 simple, donc H est simple (cas d'un "quotient de type simple")

$(70)_{d2}$ I_v abélien $L_v = I_v \oplus L_{vo}$ avec $L_{v1} = 0$

Dans ce cas, au lieu de passer au quotient par le feuilletage $\mathcal{F}^1_v$ associé à I_v on commencera par passer au quotient par le feuilletage associé à un idéal J_v de L_v contenant I_v et maximal. De la sorte h_1/k_1 sera simple ou abélienne de dimension 1. Une fois le théorème d'équivalence démontré pour ce type de structures quotient, par le LEMME de REDUCTION on se ramène au cas d'une algèbre formelle du type $\mathbb{R}^q + J$ (qui n'est plus en général plate mais seulement "rigide" au sens de XII.1). On itère le procédé en considérant un idéal maximal de J_v contenant I_v.

Dans tous les cas on s'est ramené à étudier le problème d'équivalence pour γ dans l'une des hypothèses suivantes :

- H abélien (voir XI.2)
- H simple (voir XI.3)

Une fois le théorème d'équivalence établi dans ces deux cas pour γ, on aura ramené le cas $(70)_b$ au cas $(70)_a$.

On aura ramené le cas $(70)_{d1}$ à l'étude du problème d'équivalence pour une algèbre formelle du type $\ell = \mathbb{R}^q + I$ avec I_v simple. Ce sera encore une algèbre formelle du type étudié en XI.3 (quotients de type simple).

On aura ramené le cas $(70)_{d2}$ à l'étude du problème d'équivalence pour une algèbre formelle $\ell = \mathbb{R}^q + I$ avec I_v abélien. Du point de vue des algèbres formelles ce problème sera équivalent à celui traité en XI.2 (quotients de type abélien).

Il ne restera donc à traiter que l'un des deux cas suivants :

$$\begin{cases} (70)_a & L_v \text{ simple de type infini} \\ (70)_c & L_v \text{ simple de type fini} \end{cases}$$

XI.2. QUOTIENTS DE TYPE ABELIEN

XI.2.1 Le problème à résoudre dans ce cas est le suivant :

H est un groupe de LIE abélien de dimension p.

γ est un PLT d'automorphismes locaux du fibré principal trivial $R^q \times H$ contenant les transformations du type :

$$(y,\eta) \mapsto (y+y_o,\eta) \qquad (\text{"translations"})$$

L'algèbre formelle L' de γ est formée d'une somme directe :

$$L' = \mathbb{R}^q \oplus I'$$

où I' est l'idéal abélien des automorphismes infinitésimaux verticaux, $\mathbb{R}^q$ la sous-algèbre définie par les "translations infinitésimales".

Si φ est une transformation quelconque appartenant à γ elle est de la forme :

$$(73) \qquad \varphi(y,\eta) = (y + y_o, f(y)\eta)$$

ou encore, en notant additivement la loi de composition du groupe abélien H :

$$\varphi(y,\eta) = (y + y_o, \eta + f(y))$$

De plus, H étant abélien, un voisinage de l'identité dans H s'identifie à un voisinage de l'origine dans $\mathbb{R}^p$ muni de sa structure additive.

γ peut donc être considéré comme un PLT sur un ouvert M de $\mathbb{R}^p \times \mathbb{R}^q$ formé de transformations locales de la forme :

$$(74) \qquad (x,y) \mapsto (x + f(y), y + y_o) \qquad x \in \mathbb{R}^p,\ y \in \mathbb{R}^q$$

Si $\hat{\gamma}$ est le PLT de toutes les transformations locales de ce type, pour $p = 1$ on retrouve le PLT $\hat{\Gamma}_S$ pour lequel le théorème d'équivalence a été prouvé à la proposition 30. Pour $p \geq 2$ on a un PLT plat pour lequel le théorème d'équivalence se démontre exactement de la même façon.

XI.2.2. Soit V une variété de dimension $(p+q)$ munie d'une presqué-γ-structure. Celle-ci définira (par agrandissement des structures d'une suite de définitions) une presque-$\hat{\gamma}$-structure, donc une $\hat{\gamma}$-structure et par suite des coordonnées locales (x^j, y^k) adaptées à cette $\hat{\gamma}$-structure (j prend les valeurs $1,2,..,p$, k les valeurs $1,..,q$).

Relativement à ces coordonnées locales, le problème d'équivalence pour la presque-γ-structure sera exactement du même type que celui traité en X.4.3 pour les PLT plats de type abélien. Là encore le théorème d'équivalence sera une conséquence de [E M].

XI.3 QUOTIENTS DE TYPE SIMPLE

XI.3.1. H est un groupe de LIE simple connexe dont l'algèbre de LIE h est simple. Sur la variété modèle $M = \mathbb{R}^q \times H$ les γ-champs de vecteurs sont de la forme :

$$(75) \quad X = X_1(y) + \sum_{k=1}^{q} c^k \frac{\partial}{\partial y^k}$$

où pour tout $y \in \mathbb{R}^q$ $X_1(y)$ appartient à l'algèbre de LIE h^- des champs de vecteurs invariants à droite sur H.

Si ℓ est l'algèbre des γ-champs formels au point $(0,e) \in \mathbb{R}^q \times H$ on a donc :

$$(76) \quad \ell = I \oplus \mathbb{R}^q \quad \text{et} \quad \ell_j = I_j \quad \text{pour la filtration usuelle.}$$

I_j s'identifie à un espace de séries formelles en y à valeurs dans h^- nulles à l'ordre j. On aura donc une inclusion naturelle :

$$(77) \quad I_{j-1}/I_j \subset h^- \otimes S^j(\mathbb{R}^{q*})$$

et le crochet des γ-champs induit :

- pour $\frac{\partial}{\partial y^k} \in \mathbb{R}^q$ et $\lambda \otimes \varphi^j(y) \in I_{j-1}/I_j$ un crochet :

(78) $\quad [\frac{\partial}{\partial y^k}, \lambda \otimes \varphi^j(y)] = \lambda \otimes \frac{\partial \varphi^j}{\partial y^k}(y) \in I_{j-2}/I_{j-1}$

- pour $\lambda \in I/I_o$ et $\mu \otimes \varphi^j(y) \in I_{j-1}.I_j$ un crochet :

(79) $\quad [\lambda, \mu \otimes \varphi^j(y)] = [\lambda,\mu] \otimes \varphi^j(y) \in I_{j-1}/I_j$

Notons $E \subset \mathbb{R}^q$ le sous-espace formé des γ-champs formels v dans $\mathbb{R}^q$ vérifiant :

(80) $\quad [v, I_o] \subset I_o$

En changeant au besoin de base dans $\mathbb{R}^q$ on peut s'arranger pour que E soit engendré par $\frac{\partial}{\partial y^{p+1}}, \ldots, \frac{\partial}{\partial y^q}$. La condition (80), compte tenu de (78) entraîne alors que si I_o/I_1 est considéré comme un espace de formes linéaires sur $\mathbb{R}^q$ à valeurs dans h^-, <u>ces formes s'annulent sur</u> $\frac{\partial}{\partial y^k}$ <u>pour $k > p$</u>. Si l'on veut, <u>les variables</u> $y^{p+1}, \ldots, y^q$ <u>ne figurent pas</u> dans les parties principales appartenant à I_o/I_1. Maix alors <u>elles ne figureront pas non plus dans les parties principales d'ordre j</u> (appartenant à I_{j-1}/I_j), car sinon, en crochetant $(j-1)$ fois avec des dérivations $\frac{\partial}{\partial y^k}$ on obtiendrait des parties principales d'ordre 1 contenant ces variables.

On dira que $y^{p+1}, \ldots, y^q$ sont des <u>variables parasites</u>.

Géométriquement (80) entraîne que E est invariant par g_ℓ. Donc si on considère $\mathbb{R}^q$ comme la somme directe $\mathbb{R}^p \oplus \mathbb{R}^{q-p}$, <u>le feuilletage $\mathcal{F}$ de $\mathbb{R}^q \times H$</u> au-dessus des sous-espaces affines parallèles à $\mathbb{R}^{q-p}$ <u>défini par les "translations" de $\mathbb{R}^{q-p}$ est invariant par</u> γ.

<u>XI.3.2. Considérons dans $\mathbb{R}^{q*}$</u> l'ensemble F^* des éléments α tels qu'il existe dans $I_o/I_1 \subset h^- \otimes \mathbb{R}^{q*}$ un élément décomposable de la forme :

$$\lambda \otimes \alpha \quad \text{avec } \lambda \in h^-$$

En faisant le crochet avec un élément arbitraire $\mu \in I/I_o$, compte tenu de la simplicité de h^-, on obtiendra :

$$\lambda' \otimes \alpha \in I_o/I_1 \quad \text{pour tout} \quad \lambda' \in h^-$$

Il en résulte immédiatement que F^* est un sous-espace vectoriel de $\mathbb{R}^{p*}$. En changeant au besoin l'ordre des coordonnées on peut supposer que F^* est engendré par les fonctions coordonnées $y^{r+1},\ldots,y^p$. Ainsi quels que soient $\xi_{r+1},\ldots,\xi_p$ dans h^- on aura :

$$(81) \quad \sum_{i=r+1}^{p} \xi_i \otimes y^i \in I_o/I_1$$

Si maintenant $\sum_{i=1}^{p} \xi_i \otimes y^i$ est un élément arbitraire de I_o/I_1 il en résulte que :

$$\xi_1 \otimes y^1 + \ldots + \xi_r \otimes y^r \text{ appartient encore à } I_o/I_1.$$

Intéressons-nous à une somme de cette forme ayant un <u>nombre de termes non nul minimal</u>. En permutant au besoin les coordonnées on peut supposer que ces termes non nuls sont les s premiers. Soit donc :

$$\xi_1 \otimes y^1 + \ldots + \xi_s \otimes y^s \quad \text{cette somme.}$$

Si $\xi_1' \otimes y^1 + \ldots + \xi_s \otimes y^s$ est une autre combinaison du même type appartenant à I_o/I_1, on voit que si $\xi_1 = \xi_1'$ alors $\xi_2 = \xi_2' \ldots \xi_s = \xi_s'$ car sinon par soustraction on aurait une somme plus courte. Donc $\xi_2,\ldots,\xi_s$ sont <u>uniquement déterminés</u> par ξ_1. D'ailleurs, en crochetant avec un élément μ arbitraire de h^- on voit qu'on peut obtenir une somme du même type commençant par un premier terme arbitraire. La forme générale des sommes de ce type est donc :

$$(82) \quad \xi \otimes y^1 + \varphi_2(\xi) \otimes y^2 + \ldots + \varphi_s(\xi) \otimes y^s$$

et en effectuant le crochet par μ, on voit que pour $i = 2,\ldots,s$, φ_i est un endomorphisme de h^- vérifiant :

$$(83) \quad \varphi_i([\mu,\xi]) = [\mu,\varphi_i(\xi)] \quad \text{quels que soient} \quad \mu,\xi \in h^-.$$

Le LEMME de SCHUR classique pour les algèbres de LIE simples de dimension finie entraîne alors que :

(i) si h^- n'a pas de structure d'algèbre de LIE complexe, φ_i est une homothétie pour tout i.

(ii) si h^- admet une structure d'algèbre de LIE complexe, φ_i est une homothétie complexe pour tout i.

XI.3.3. Si h^- n'admet pas de structure complexe on aura pour tout i :

$$\varphi_i(\xi) = c_i \xi$$

La somme (82) s'écrit alors $\xi \otimes (y^1 + c_2 y^2 + \ldots + c_s y^s)$ d'où il résulte $y^1 + c_2 y^2 + \ldots + c_s y^s \in F^*$. Ceci conduit à une contradiction sauf si $s = 0$. Donc dans ce cas :

(84) $\quad I_0/I_1 = h^- \otimes \mathbb{R}^{p*}$

Par récurrence sur j on en déduit :

(85) $\quad I_{j-1}/I_j = h^- \otimes S^j(R^{p*})$

en effet si la propriété est vraie jusqu'à $j-1$, considérons un élément $\xi \otimes y^{k_1} \ldots y^{k_j}$ où ξ arbitraire dans h^- et $k_1, \ldots, k_j \leq p$. h^- étant simple on peut trouver $\lambda, \mu \in h^-$ avec $[\lambda, \mu] = \xi$, d'où :

$$[\lambda \otimes y^{k_1}, \mu \otimes y^{k_2} \ldots y^{k_j}] = \xi \otimes y^{k_1} \ldots y^{k_j} \in I_{j-1}/I_j .$$

Soit alors $\hat{\gamma}$ le PLT de tous les automorphismes locaux de $\mathbb{R}^q \times H$ respectant le feuilletage $\mathcal{F}$ et se projetant sur $\mathbb{R}^q$ suivant les translations. Si $\hat{\ell}$ est l'algèbre formelle correspondante, on a $\gamma \subset \hat{\gamma}$ donc $\ell \subset \hat{\ell}$. Mais (85) se traduit alors, avec des notations évidentes, par :

$$I_{j-1}/I_j = \hat{I}_{j-1}/\hat{I}_j \quad \text{pour tout } j.$$

d'où par récurrence sur j $\ell/\ell_j = \hat{\ell}/\hat{\ell}_j$ et par conséquent :

(86) $\quad \ell = \hat{\ell}$

On est donc ramené à démontrer le théorème d'équivalence pour $\hat{\gamma}$.

Celui-ci est élémentaire : une presque-$\hat{\gamma}$-structure sur V définira (localement) une fibration principale de V sur un ouvert W de $\mathbb{R}^q$ de groupe structural H et un feuilletage de V au-dessus du feuilletage de $\mathbb{R}^q$ parallèle à $\mathbb{R}^{q-p}$. Une équivalence locale avec le modèle sera simplement définie par une section locale feuilletée de V. L'existence de telles sections étant assurée, le théorème d'équivalence est vérifié.

XI.3.4. Supposons maintenant que h^- admet une structure d'algèbre de LIE complexe. Si τ est l'antiinvolution correspondante (multiplication par $\sqrt{-1}$), on aura pour $i = 2,\ldots,s$:

$$\varphi_i(\xi) = c_i\xi + d_i\tau(\xi)$$

La somme (82) s'écrira alors sous la forme $\xi \otimes \alpha + \tau(\xi)\otimes \alpha^*$ où $\alpha \neq 0$. Il en résulte d'ailleurs $\alpha^* \neq 0$ car sinon $\alpha \in F^*$ ce qui est impossible.

En crochetant avec λ arbitraire dans $h^- = I/I_o$ on voit que :

(87) $\quad \xi'\otimes \alpha + \tau(\xi')\otimes \alpha^* \in I_o/I_1$ pour tout $\xi' \in h^-$

Si $F_1^* \subset \mathbb{R}^{r*}$ est l'ensemble des formes linéaires α telles qu'il existe dans I_o/I_1 un élément de la forme (87), on voit que F_1^* est un sous-espace vectoriel de $\mathbb{R}^{r*}$. Pour $\alpha \in F_1^*$ l'élément α^* associé est bien déterminé, car si $\xi'\otimes\alpha + \tau(\xi')\otimes\alpha_1^* \in I_o/I_1$ on a $\alpha^*-\alpha_1^* \in F^*$. De :

$$\xi'\otimes\alpha + \tau(\xi')\otimes\alpha^* = \tau(\xi')\otimes \alpha^* + \tau(\tau(\xi'))\otimes(-\alpha)$$

on déduit que si $\alpha \in F_1^*$, α^* appartient aussi à F_1^* et que la correspondance $\alpha \to \alpha^*$ est une antiinvolution sur F_1^*. Il en résulte qu'en changeant au besoin de base dans R^r on peut se ramener au cas où $\mathbb{R}^r = \mathbb{R}^{r'} \oplus \mathbb{C}^\rho$, F_1^* étant l'espace des formes $c_1z^1+\ldots+c_\rho z^\rho$. Mais si on considère alors à nouveau (dans la nouvelle base) un élément "de longueur minimale" de la forme (82), il s'écrira :

$$\xi \otimes (y^1+c_2y^2+\ldots+c_sy^s) + \tau(\xi)(d_2y^2+\ldots+d_sy^s)$$

d'où $y^1 + c_2 y^2 + \ldots + c_1 y^1 \in F_1^*$ ce qui n'est possible que si $r' = 0$, $\mathbb{R}^r = \mathbb{C}^\rho$.

Ainsi dans ce cas, I_0/I_1 s'identifiera aux éléments de la forme :

(88) $\xi_1 \otimes z^1 + \ldots + \xi_\rho \otimes z^\rho + \xi_{2\rho+1} \otimes y^{2\rho+1} + \ldots + \xi_p \otimes y^p$ (quels que soient $\xi_1, \ldots, \xi_p \in h^-$) où l'on a posé, si $z^k = y^k + \sqrt{-1}\, y^{k+\rho}$:

(89) $\xi_k \otimes z^k = \xi_k \otimes y^k + \tau(\xi_k) \otimes y^{k+\rho}$

Sous la forme (88) on voit que $g_\ell = I_0/I_1$ opérant sur $\mathbb{R}^q \oplus h^-$ laisse invariante la structure complexe du sous-espace $\mathbb{C}^\rho \oplus h^-$

Il en résulte que γ est un sous-PLT du PLT $\hat{\gamma}$ des automorphismes locaux de $\mathbb{R}^q \times H$ qui laissent invariants (i) le feuilletage $\mathcal{F}$ (ii) la structure complexe du fibré induit au-dessus des sous-espaces de $\mathbb{R}^q$ parallèles à $\mathbb{C}^\rho$.

Comme en XI.3.3 on vérifie quels que soient $\xi \in h^-$, $k_1, \ldots, k_\ell \leq \rho$, $k_{\ell+1}, \ldots, k_j$ compris entre $2\rho+1$ et p :

(90) $\xi \otimes z^{k_1} \ldots z^{k_\ell} y^{k_{\ell+1}} \ldots y^{k_j} \in I_{j-1}/I_j$

avec la notation introduite en (89) étendue aux termes d'ordre j.

On en déduit comme au paragraphe précédent que γ a même algèbre formelle que $\hat{\gamma}$. Le problème d'équivalence posé se ramène donc à celui relatif à $\hat{\gamma}$. Pour ce dernier le théorème d'équivalence est élémentaire :

Une presque-$\hat{\gamma}$-structure sur V définira (localement) une H-fibration principale de V sur un ouvert W de $\mathbb{R}^q$ avec (i) un feuilletage $\mathcal{F}_V$ de V au-dessus du feuilletage de $\mathbb{R}^q = \mathbb{C}^\rho \oplus \mathbb{R}^{p-2\rho} \oplus \mathbb{R}^{q-p}$ parallèle à $\mathbb{R}^{q-p}$ (ii) une structure presque complexe sans torsion (donc complexe d'après [NN]) au-dessus des sous-espaces affines de $\mathbb{R}^q$ parallèles à $\mathbb{C}^\rho$.

Une équivalence locale avec le modèle sera définie par une section locale du fibré $V \to W$ qui soit (i) feuilletée pour le feuilletage $\mathcal{F}_V$ (ii) analytique en restriction aux sous-espace affines parallèles à $\mathbb{C}^\rho$.

On construira une telle section de la façon suivante : pour $(y^{2\rho+1},\dots,y^p) \in \mathbb{R}^{p-2\rho}$, on choisit au-dessus du sous-espace affine correspondant de $\mathbb{R}^p$ parallèle à $\mathbb{C}^\rho$ une section holomorphe de V, différentiablement en fonction de $(y^{2\rho+1},\dots,y^p)$. On prend ensuite la préimage (locale) de cette section par la projection suivant le feuilletage $\mathcal{F}_V$. D'où le résultat.

XI.4. FIN DE LA DEMONSTRATION

XI.4.1. D'après XI.1.5 on s'est ramené à démontrer le théorème d'équivalence dans la situation décrite en XI.1.3, avec en plus l'une des conditions suivantes :

(i) L_V simple de type infini

(ii) L_V simple de type fini

Si $\xi = \sum_{i=1}^{n} \xi^i(x,y) \frac{\partial}{\partial x^i} + \sum_{k=1}^{q} c^k \frac{\partial}{\partial y^k}$ est un Γ_S-champ formel à l'origine, on a vu que pour y fixé la partie verticale de ξ peut être considérée comme une série formelle en y à valeurs dans L_V. Si l'on veut, en posant :

(91) $\quad L = I \oplus \mathbb{R}^q$

où I est l'idéal "vertical" de L associé à la projection $\mathbb{R}^n \to \mathbb{R}^q$, on a :

(92) $\quad I_{j-1}/I_j \subset L_V \otimes S^j(\mathbb{R}^{q*})$

De plus, pour $j = 0$, l'inclusion correspondante est une égalité, car les Γ_S-champs verticaux, en restriction à $\mathbb{R}^m$, forment un FAL transitif sur E^k_{oV} (avec les notations de XI.1.2). Donc :

(93) $\quad I/I_0 = L_V.$

Enfin le crochet de L induit des crochets :

(92) $\quad [\frac{\partial}{\partial y^k}, \lambda \otimes \varphi^j(y)] = \lambda \otimes \frac{\partial \varphi^j}{\partial y^k}(y) \in I_{j-2}/I_{j-1} \quad$ pour $\frac{\partial}{\partial y^k} \in \mathbb{R}^q$

et $\lambda \otimes \varphi^j(y) \in I_{j-1}/I_j$

(93) $[\lambda,\mu \otimes \varphi^j(y)] = [\lambda,\mu] \otimes \varphi^j(y) \in I_{j-1}/I_j$ pour $\lambda \in I/I_o$

et $\mu \otimes \varphi^j(y) \in I_{j-1}/I_j$

La situation est analogue, du point de vue des algèbres formelles, à celle de XI.3.1. Pour utiliser les conclusions des paragraphes précédents, il faut pouvoir appliquer le LEMME de SCHUR à l'algèbre de LIE L_V. Si L_V est <u>de type fini</u> il n'y a pas de problème. Dans le cas contraire il faut démontrer un <u>LEMME de SCHUR généralisé</u> pour les 6 algèbres simples irréductibles de type infini de la classification de CARTAN. C'est ce qui va être fait en XI.4.2.

<u>XI.4.2. Dans ce paragraphe</u>, L_V sera donc une algèbre formelle de la forme :

$$L_V = \mathbb{R}^m + g + g^{(1)} +\ldots+ g^{(k)} +\ldots$$

où g est l'une des algèbres <u>réelles</u> $g\ell(m,\mathbb{R})$, $s\ell(m,\mathbb{R})$, $sp(m,\mathbb{R})$ ou l'une des algèbres <u>complexes</u> correspondantes.

PROPOSITION 31. Si φ est un endomorphisme linéaire de L_V vérifiant :

(94) $\varphi([\xi,\eta]) = [\xi,\varphi(\eta)] \quad \forall\xi,\eta \in L_V$

alors φ est une homothétie (réelle ou complexe) de L_V.

<u>démonstration</u> : si $\varphi(L) \neq 0$, φ est <u>bijective</u> car $\mathrm{Im}\varphi$ et $\mathrm{Ker}\,\varphi$ sont des idéaux de L_V.

Pour $\xi,\eta \in \mathbb{R}^m$ il vient $[\xi,\varphi(\eta)] = 0$. Donc $\varphi(\eta)$ commute avec $\mathbb{R}^m$, d'où $\varphi(\eta) \in \mathbb{R}^m$, c.a.d. $\varphi(\mathbb{R}^m) = \mathbb{R}^m$

Pour $\lambda \in g$ et $\xi \in \mathbb{R}^m$ il vient $\varphi([\xi,\lambda]) = [\xi,\varphi(\lambda)] = [\varphi(\xi),\lambda]$, d'où :

(95) $\varphi(\lambda.\xi) = \lambda.\varphi(\xi) \qquad \forall\lambda \in g$ et $\forall\xi \in \mathbb{R}^m$

Donc l'endomorphisme φ restreint à $\mathbb{R}^m$ commute avec l'algèbre irréductible g. Le LEMME classique de SCHUR entraîne alors que φ est une homothétie, réelle ou complexe suivant que g est réelle ou complexe.

Donc :

$$\varphi(\xi) = c\xi \quad \forall \xi \in \mathbb{R}^m$$

Soit alors $\xi^k \in g^{(k)}$. Il existe $\xi^{k+1} \in g^{(k+1)}$ et $\xi \in \mathbb{R}^m$ tels que :

$$\xi^k = [\xi^{k+1}, \xi]$$

d'où $\varphi(\xi^k) = [\xi^{k+1}, \varphi(\xi)] = c\,\xi^k$, d'où le résultat.

C.Q.F.D.

<u>XI.4.3. Si</u> L_V <u>est réelle</u> (de type fini ou infini), on se ramène comme en XI.3.3 à résoudre le problème d'équivalence pour un PLT $\hat{\Gamma}$ du type suivant : sur $\mathbb{R}^n = \mathbb{R}^m \oplus \mathbb{R}^p \oplus \mathbb{R}^{q-p}$, $\hat{\Gamma}$ est le PLT des difféomorphismes locaux de la forme :

(96) $\quad \varphi(x,y,t) = (\psi_y(x), y + y_o, t + t_o)$

où $\psi_y(x)$ dépend différentiablement de (x,y) et où quel que soit y on a $\psi_y \in \Gamma_V$, Γ_V étant un PLT plat irréductible simple <u>réel</u> sur $\mathbb{R}^m$.

Sur V <u>une presque-$\hat{\Gamma}$-structure</u> définira une fibration (locale) π_V sur un ouvert $W \subset \mathbb{R}^q$ avec :

(i) un feuilletage $\mathcal{F}_V$ de V dont les feuilles sont des revêtements des sous-espaces affines de $\mathbb{R}^q$ parallèles à $\mathbb{R}^{q-p}$

(ii) une presque-Γ_V-structure (donc une Γ_V-structure) sur les fibres de la fibration π_V.

Une <u>équivalence locale</u> avec le modèle s'obtient de la façon suivante : au-dessus d'un sous-espace affine de $\mathbb{R}^q$ parallèle à $\mathbb{R}^p$ on choisit dans les fibres de π_V des coordonnées locales adaptées à la Γ_V-structure <u>différentiablement en</u> fonction de y. On obtient ainsi une équivalence locale entre $\pi_V^{-1}(\mathbb{R}^p + t_o)$ et $\mathbb{R}^m \oplus \mathbb{R}^p$. On l'étend en un difféomorphisme local de V dans $\mathbb{R}^n$ en identifiant les feuilles de $\mathcal{F}_V$ à $\mathbb{R}^{q-p}$ par projection sur W.

REMARQUE Si Γ_V est <u>de type fini</u>, on retrouve <u>exactement</u> le même problème qu'en XI.3.3. Si Γ_V est <u>de type infini</u>, on obtient trois problèmes standard élémentaires (une Γ_V-structure est une structure différentiable, une forme volume ou une 2-forme fermée de rang maximum).

<u>XI.4.4. Si L_V est complexe</u>, on est ramené au problème d'équivalence pour un PLT $\hat{\Gamma}$ du type suivant : sur :

$$\mathbb{R}^n = \mathbb{R}^m \oplus \mathbb{C}^\rho \oplus \mathbb{R}^{p-2\rho} \oplus \mathbb{R}^{q-p}$$

$\hat{\Gamma}$ est le PLT des difféomorphismes locaux φ de $\mathbb{R}^n$ de la forme :

$$(97) \qquad \varphi(x,z,y,t) = (\psi_{z,y}(x), z + z_o, y + y_o, t + t_o)$$

où $\psi_{z,y}(x)$ est analytique en z et différentiable en (x,y) et où, quels que soient z,y on a $\psi_{z,y} \in \Gamma_V$ où Γ_V est un PLT plat irréductible simple <u>complexe</u> sur $\mathbb{R}^m$.

Sur V <u>une presque-$\hat{\Gamma}$-structure</u> définira une fibration locale π_V de V sur un ouvert W de $\mathbb{R}^q$ avec :

(i) un feuilletage $\mathcal{F}_V$ de V dont les feuilles sont des revêtements des sous-espaces affines de $\mathbb{R}^q$ parallèles à $\mathbb{R}^{q-p}$.

(ii) une structure presque complexe sans torsion (donc complexe d'après [NN]) au-dessus des sous-espaces affines de $\mathbb{R}^q$ parallèles à $\mathbb{C}^\rho$

(iii) une presque-Γ_V-structure (donc une Γ_V-structure) sur les fibres de la fibration π_V.

Pour avoir une <u>équivalence locale</u> avec le modèle, au-dessus d'un sous-espace affine $\mathbb{R}^p + t_o$ de $\mathbb{R}^q$ on choisit dans les fibres de π_V des coordonnées locales adaptées à la Γ_V-structure <u>différentiablement en y et analytiquement en z</u>. On termine comme dans le cas réel.

Comme dans le cas réel on retrouve d'une part les cas traités en XI.3.4 d'autre part trois problèmes standard élémentaires.

Le THEOREME I est donc démontré.

CHAPITRE XII GENERALISATIONS et APPLICATIONS

Une propriété fondamentale des PLT plats est que, localement, les Γ-champs peuvent être définis par des équations aux dérivées partielles linéaires à coefficients constants. Dans ce chapitre on étudie une classe plus générale de PLT ayant la même propriété : on les appelle PLT rigides et on établit le théorème général d'équivalence pour ces PLT. Au niveau des algèbres formelles un cas analogue a été également traité, d'un point de vue différent, par GOLDSCHMIDT-SPENCER dans [13].

On en tire deux applications : d'une part un LEMME de PLATITUDE RELATIVE déjà signalé en $[32]_b$ et qui semble d'un usage commode dans l'étude de certains problèmes d'équivalence (voir par exemple [1]). D'autre part une caractérisation formelle intrinsèque des systèmes d'équations aux dérivées partielles linéaires à coefficients constants (THEOREME II).

XII.1 - STRUCTURES RIGIDES - THEOREME D'EQUIVALENCE

XII.1.1. Soient G un groupe de LIE arbitraire et M le fibré principal trivial $\mathbb{R}^n \times G$ qui servira de modèle pour les fibrés principaux. Si $E(W,G)$ est un G-fibré principal de base W on notera $E_F^k(W,G_{F,k})$ le fibré principal des k-jets de source $(0,e)$ de morphismes inversibles de fibrés principaux de M dans E. On a des morphismes naturels de fibrés principaux :

(98) $\quad \ldots \to E_F^k \to \ldots \to E_F^1 \to E_F^o = E$

En particulier, sur le fibré modèle M on a des fibrés de repères M_F^k. Si φ est un morphisme (local) inversible de fibrés principaux de M dans E on en déduit par composition des jets un morphisme relevé :

(99) $\quad B_F^k(\varphi) : M_F^k \to E_F^k$

Si H_k est un sous-groupe de LIE arbitraire de $G_{F,k}$, <u>une H_k-structure sur E</u> sera définie par un H_k-sous-fibré principal e^k de E^k_F. On notera que la projection de e^k sur E par (98) est un H-sous-fibré principal e de E, H étant la projection de H_k sur G.

Sur M on a une H_k-structure "standard" obtenue en composant avec les k-jets de H_k les k-jets des "translations" $(x,g) \mapsto (x + x_0, g)$ de M. Cette H_k-structure particulière sera dite <u>H_k-structure rigide standard</u> et notée $e^k_S(\mathbb{R}^n, H_k)$; elle est munie d'une <u>section rigide standard</u> s^k_S.

<u>Une H_k-structure sur E sera dite rigide</u> si (localement) elle est l'image de la H_k-structure rigide standard par un morphisme relevé de la forme (99)

Pour $G = \{e\}$ on trouve $G_{F,k} = GL_{n,k}$ et la notion de <u>structure plate</u>, qui apparait ainsi comme un cas particulier de la notion de structure rigide.

<u>De même, un PLT Γ_S sur e</u> sera dit <u>PLT rigide standard</u> s'il admet pour suite de défition une suite de structures rigides standard. Un PLT sera <u>rigide</u> s'il est localement équivalent à un PLT rigide standard.

<u>XII.1.2 La propriété essentielle</u> des structures rigides standard est la suivante : les automorphismes infinitésimaux de $e^k_S(\mathbb{R}^n, H_k)$ sont définis par un système homogène d'équations aux dérivées partielles linéaires <u>à coefficients constants</u> (immédiat).

Comme pour les structures plates on en déduit que la propriété de <u>transitivité infinitésimale</u> pour une telle structure équivaut à la propriété de coïncider avec sa <u>réduction standard</u> telle qu'elle a été définie en IX.1.4 à l'aide des formes fondamentales. On en déduit également, pour toute structure rigide standard, la construction "intrinsèque" d'une suite de définition du PLT rigide standard connexe engendré par ses automorphismes infinitésimaux.

Une H_k-structure sur E sera dite formellement rigide si elle est formellement équivalente en chaque point à la H_k-structure rigide standard. A l'aide de la construction "intrinsèque" des réduction standard on associe à une telle structure une presque-Γ_S-structure où Γ_S est le PLT rigide standard connexe engendré par les automorphismes infinitésimaux de la H_k-structure rigide standard.

On ramène ainsi le problème d'équivalence pour les structures rigides à celui relatif aux PLT rigides.

XII.1.3. Γ_S étant un PLT rigide standard de suite de définition standard (e_S^k), la projection $p^o : \overset{o}{e}_S = \mathbb{R}^n \times H \to \mathbb{R}^n$ est une fibration invariante. Soit I l'idéal associé dans l'algèbre formelle L de Γ_S.

Γ_S contenant les "translations" de $\overset{o}{e}_S$, L contient une sous-algèbre abélienne isomorphe à $\mathbb{R}^n$, qui est supplémentaire de la sous-algèbre "verticale" $I + L_o$. Ainsi :

(100) $\quad L = \mathbb{R}^n \oplus A \qquad$ avec $\quad A = I + L_o$

L'algèbre $h = I/I_o$ coïncide avec l'algèbre de LIE du groupe structural H de $\overset{o}{e}_S$. Une algèbre formelle du type (100) sera dite algèbre formelle rigide.

Dans [13] GOLDSCHMIDT-SPENCER ont traité le cas particulier où il existe dans I un supplémentaire $\bar{h}$ de I_o commutant avec $\mathbb{R}^n$. Géométriquement, ceci correspond au cas où Γ_S contient les translations à gauche verticales :

$$(x,h) \mapsto (x,h_o h) \quad h_o \in H \text{ fixé.}$$

XII.1.4 Comme pour les structures plates on a un théorème général d'équivalence pour les structures rigides :

PROPOSITION 32 (THEOREME d'EQUIVALENCE pour les STRUCTURES RIGIDES)
Le théorème général d'équivalence est vrai pour les PLT rigides, les algèbres formelles rigides, les structures infinitésimales principales

rigides.

<u>démonstration</u> : d'après XII.1.2 et compte tenu d'une généralisation immédiate au cas rigide du "théorème de réalisation standard" (PROPOSITION 27) on est ramené à démontrer le résultat pour les PLT rigides standard.

Soit donc Γ_S un PLT rigide standard sur $e^o_S(\mathbb{R}^n,H)$. La projection $p^o : e^o_S \to \mathbb{R}^n$ est une fibration invariante et le PLT $\bar{\Gamma}_S$ obtenu par passage au quotient est un PLT <u>plat standard</u>.

Dans la suite de définition standard (e^k_S) de Γ_S on aura des projections

$$(101) \qquad \pi^k_S : e^k_S \to \bar{e}^k_S$$

où $(\bar{e}^k_S)$ est la suite de définition standard de $\bar{\Gamma}_S$.

Soient s^k_S et $\bar{s}^k_S$ les sections standard de e^k_S et $\bar{e}^k_S$. Notons e'^k_S la préimage de $\bar{s}^k_S$ par π^k. C'est un H'_k-sous-fibré principal de e^k_S, contenant la section standard. Donc (e'^k_S) est <u>une suite de structures rigides standard</u> (pas nécessairement complètes) se projetant l'une sur l'autre.

En utilisant le THEOREME I, si (e^k_W) est la suite de définition, modelée sur (e^k_S), d'une presque-Γ_S-structure sur e^o_W, on aura une fibration locale $e^o_W \to W$ et sur W une presque-$\bar{\Gamma}_S$-structure de suite de définition $(\bar{e}^k_W)$ avec pour tout k une projection :

$$\pi^k_W : e^k_W \to \bar{e}^k_W$$

En résolvant (grace au théorème I) le problème d'équivalence obtenu par passage au quotient, on obtient une équivalence locale sur W, c.a.d. une section $\bar{s}^k_W$ (k-repère naturel de coordonnées) de $\bar{e}^k_W$. <u>La préimage par π^k_W de cette section</u> fournira une suite (e'^k_W) de structures formellement équivalentes aux structures de la suite (e'^k_s).

Par réductions standard, on se ramène au cas où (e'^k_S) est la suite de définition standard d'un PLT rigide standard γ_S. Celui-ci est formé d'automorphismes locaux de $\mathbb{R}^n \times H'$ se projetant sur $\mathbb{R}^n$ suivant les translations. On retrouve exactement un PLT du type étudié en XI.1.4. Si h'_1 est un idéal maximal de l'algèbre de LIE h' de H', il définira un passage au quotient dans $e'^o_S = \mathbb{R}^n \times H'$, le PLT obtenu par passage au quotient étant de l'un des types étudiés en XI.2 (cas abélien) ou XI.3 (cas simple). Une fois ce problème résolu, par la technique précédente (préimage des sections standard obtenues par équivalence au quotient pour une presque-γ_S-structure) on se ramène au cas où h' est remplacé par h'_1. D'où le résultat par un nombre fini de réductions de ce type.

C.Q.F.D

XII.2. APPLICATION : LEMME de PLATITUDE RELATIVE

XII.2.1 Soit Γ_M un PLT sur M de suite de définition (E^k_M) et soit L l'algèbre formelle associée. On considère un sous-PLT γ_M de Γ_M de suite de définition (e^k_M) subordonnée à la précédente ; soit ℓ l'algèbre formelle associée.

On dira que Γ_M est plat relativement à γ_M si

(102) $I = [\ell, \ell]$ est un idéal de L.

Soit alors $\mathcal{F}_M$ le feuilletage invariant de M défini par I. On notera N une variété quotient locale, Γ_N et γ_N les PLT obtenus par passage au quotient à partir de Γ_M et γ_M. L'algèbre formelle de γ_N est abélienne. Donc γ_N est un PLT de translations locales sur N (que l'on peut identifier à un ouvert de $\mathbb{R}^q$).

Si k_o est l'ordre de I dans L, on considère sur $E^{k_o}_M$ le feuilletage $\mathcal{F}^{k_o}_M$ invariant par $\Gamma^{k_o}_M$ défini par I. Notons $N^{k_o} = E$ une variété quotient locale, Γ_E le PLT défini par passage au quotient sur E à partir de $\Gamma^{k_o}_M$.

La projection $\pi_M^{k_o} : E_M^{k_o} \to E$ définira à partir de $e_M^{k_o}$ une section de E, qui s'identifiera donc (localement) à un fibré principal trivial :

$$E \subset \mathbb{R}^q \times H$$

Γ_E sera un PLT d'automorphismes locaux de ce fibré principal. Il contiendra les "translations" $(x,h) \to (x+x_o,h)$, obtenus par passage au quotient à partir des éléments de γ_M (relevés dans $E_M^{k_o}$). Donc Γ_E est un PLT rigide.

XII.2.2 On en déduit :

LEMME de PLATITUDE RELATIVE Si Γ_M est un PLT plat relativement au sous-PLT γ_M et si le théorème général d'équivalence est vrai pour γ_M, il est vrai pour Γ_M.

démonstration : il suffit d'appliquer le LEMME de REDUCTION à Γ_M, au sous-PLT γ_M, et d'utiliser le théorème d'équivalence pour les PLT rigides (Proposition 32). D'où le résultat.

C.Q.F.D

C. ALBERT (voir [1]) a donné des applications de ce LEMME de PLATITUDE RELATIVE à des problèmes d'équivalence pour les structures "k-plates", qui généralisent de façon naturelle les structures plates sur les groupes de LIE.

XII.3 SYSTEMES A COEFFICIENTS CONSTANTS

XII.3.1 Soit $E \to V$ un fibré vectoriel de fibre-type $\mathbb{R}^m$. On notera $\hat{E}$ le $GL(m,\mathbb{R})$-fibré principal des repères linéaires de E et $\hat{p} : \hat{E} \to V$ la projection.

Considérons sur E un système homogène d'équations aux dérivées partielles linéaires d'ordre k_o, $R^{k_o} \subset J^{k_o}E$

Le système R^{k_o} sera dit localement à coefficients constants si au voisinage de tout point $x \in V$ il existe des coordonnées locales de V et une trivialisation locale de $\hat{E}$ tels que relativement à ces données

R^{k_o} soit invariant par translations.

R^{k_o} sera dit formellement à coefficients constants (ou formellement rigide) si en tout point x de V il existe un repère formel de V et un jet infini de trivialisation de $\hat{E}$ tels que ces données définissent un contact d'ordre infini entre R^{k_o} et un système à coefficients constants.

Le but de ce paragraphe est d'établir :

> THEOREME II Si $R^{k_o} \subset J^{k_o}E$ est formellement à coefficients constants il est localement à coefficients constants

On supposera donc dans la suite que R^{k_o} est formellement à coefficients constants. Soit D la dimension de la fibre en un point de R^{k_o}.

XII.3.2. Soient $M = \mathbb{R}^n \times \mathbb{R}^m$, $\hat{M} = \mathbb{R}^n \times GL(m,\mathbb{R})$ qui servira comme en XII.1 de fibré principal modèle pour $\hat{E}$. On notera $\hat{E}^k_F$ le $G_{F,k}$-fibré principal des "repères fibrés" d'ordre k de $\hat{E}$. Si $z^k \in \hat{E}^k_F$ se projette en x sur V, le k-jet inverse $\bar{z}^{1k}$ transporte le $(k-1)$-jet en x de R^{k_o} sur un $(k-1)$-jet en 0 de système différentiel sur M.

Par hypothèse pour tout $x \in V$ il existe z^k tel que le $(k-1)$-jet correspondant en 0 soit celui d'un système à coefficients constants $R_o^{k_o}$ sur M. On obtient ainsi un modèle (à l'ordre k) en x, $R_o^{k_o}$. En un même point x, on peut obtenir différents modèles se déduisant l'un de l'autre par un élément de $G_{F,k}$. $R_o^{k_o}$ définit un point de la grassmannienne $\mathcal{G}r_D(J_o^{k_o}M)$ des sous-espaces de dimension D de $J_o^{k_o}M$. Si on identifie les modèles équivalents à l'ordre k (c.a.d. se déduisant par un élément de $G_{F,k}$) on obtient un espace quotient $\mathcal{F}_{D,k}$. D'ailleurs l'équivalence à l'ordre $k+1$ entraîne l'équivalence à l'ordre k, d'où des applications $\mathcal{F}_{D,k+1} \to \mathcal{F}_{D,k}$.

L'hypothèse de formelle rigidité entraîne l'existence pour tout x d'un k-repère fibré définissant à partir de R^k un point de $\mathcal{G}r_D$, donc un point de $\mathfrak{F}_{D,k}$. D'où une application :

$$t_k : V \to \mathfrak{F}_{D,k}$$

Mais l'existence en $x \in V$ d'un modèle <u>à l'ordre $k+1$</u> entraîne que la différentielle de cette application est nulle (en réalité, $\mathfrak{F}_{D,k}$ n'étant pas en général une variété, il faut raisonner sur $\hat{E}^k_F$ ce qui revient au même). Donc t_k est une fonction <u>constante</u>. Ainsi <u>pour tout k</u> on obtient une classe de modèles équivalents à l'ordre k. On aura donc une <u>classe de modèles formellement équivalents</u>. Soit $R_o^{k_o}$ l'un quelconque de ces modèles, choisi une fois pour toutes.

Pour tout k on considèrera le H_k-fibré principal $\hat{e}^k_F \subset \hat{E}^k_F$ formé des repères fibrés d'ordre k qui transportent le $(k-1)$-jet du modèle $R_o^{k_o}$ sur le $(k-1)$-jet de R^k. H_k est le sous-groupe de $G_{F,k}$ qui laisse invariant le $(k-1)$-jet du modèle $R_o^{k_o}$. L'existence d'équivalences formelles entre R^{k_o} et $R_o^{k_o}$ entraîne que $\hat{e}^k_F$ est une structure formellement rigide, <u>donc rigide</u>.

Par réduction standard de la suite $(\hat{e}^k_F)$ on obtient la suite de définition d'une presque-$\hat{\gamma}$-structure où $\hat{\gamma}$ est <u>le PLT rigide</u> défini par les automorphismes locaux du fibré $\hat{M}$ qui laissent invariant le système modèle $R_o^{k_o}$. La proposition 32 entraîne alors l'existence d'une <u>équivalence locale φ</u> qui transportera R^k sur $R_o^{k_o}$.

C.Q.F.D

BIBLIOGRAPHIE

[1] C. ALBERT...."Some properties of k-flat manifolds" [preprint-1974]

[2] C. ALBERT - P. MOLINO... "Réduction des G-structures formellement plates" Note aux C.R.Ac.Sc. Paris (270), 1970, pp. 384-387

[3] V. AMALDI "Introducione alla teoria dei gruppi continui infiniti di transformazioni" I,II Liberia del Universita di Roma, Rome 1942 et 1944.

[4] M. BAUER "Sur les G-structures k-plates" Ann. Inst. Fourier (24), 1974, pp. 297-310

[5] D. BERNARD "Sur la géométrie différentielle des G-structures" Ann. Inst. Fourier (10), 1960, pp. 151-270.

[6] C. BUTTIN - P. MOLINO "Theorème général d'équivalence pour les pseudo-groupes de LIE plats transitifs" Journal of Diff^{l} Geometry (9), 1974, pp 347-354.

[7] E. CARTAN a - "Sur la structure des groupes infinis de transformations" Ann. Sci. Ec. Norm. Sup. (21), 1904, pp. 153-206 et (22), 1905, pp. 219-308

b - "Les sous-groupes des groupes continus de transformations" Ann. Sci. Ec. Norm. Sup. (25), 1908, pp. 57-194

c - "Les groupes de transformations continus, infinis, simples" Ann. Sci. Ec. Norm. Sup. (26), 1909, pp. 93-161.

d - "Leçons sur les invariants intégraux" Paris, Hermann, 1922

e - "Oeuvres complètes II, vol 2, Les problèmes d'équivalence" pp. 1311-1334 Paris, Gauthier-Villars, 1953 f - "Oeuvres complètes II, vol 2, La structure des groupes infinis" pp. 1335-1384 Paris, Gauthier-Villars, 1953

[8] S.S. CHERN a - "Pseudogroupes continus infinis" Géométrie Différentielle Colloque Intern. du CNRS, Strasbourg 1953, pp. 119-136.

b - "The geometry of G-structures"
Bull. Amer. Math. Soc., (72), 1966, pp. 167-219

[9] B. ECKMANN - A. FRÖLICHER "Sur l'intégrabilité des structures presque complexes"
Notes aux C.R.Ac.Sc. Paris (232), 1951, pp. 2284-2286

[10] C. EHRESMANN a - "Structures locales et structures infinitésimales"
Notes aux C.R. Ac. Sc. Paris (254), 1951, pp. 587-589

b - "Introduction à la théorie des structures infinitésimales et des pseudogroupes de LIE" Géométrie Différentielle.
Colloque intern. du CNRS, Strasbourg 1953, pp. 97-110

c - "Structures locales"
Ann. Mat. Pura Appl. (4)36, 1954, pp. 133-142

[11] C. GODBILLON "Géométrie différentielle et mécanique analytique"
Paris, Hermann, 1969

[12] H. GOLDSCHMIDT a - "Existence theorems for analytic linear partial differential equations" Ann. of Maths, (86),1967,pp.246-270

b - "Sur la structure des équations de LIE" I,II
Journal of Diff^{l} Geometry (6), 1972,pp. 357-373 et (7),1972,pp.67-95

[13] H. GOLDSCHMIDT - D. SPENCER "On the non-linear cohomology of LIE equations" [preprint, 1975]

[14] V. GUILLEMIN a - "The integrability problem for G-structures"
Trans. of Amer. Math. Soc. (116), 1965, pp. 544-560

b - "A Jordan-Hölder décomposition for a certain class of infinite dimensional Lie algebras"
Journal of diff$\frac{1}{-}$ Geometry (2), 1968, pp. 313-345

[15] V. GUILLEMIN - I. SINGER "Differential equations and G-structures"
Proceedings of the U.S-Japan seminar in differential geometry, Kyoto, 1965, pp. 34-36

[16] V. GUILLEMIN - S. STERNBERG a - "Deformation theory of pseudogroup structures" Memoir Amer. Math. Soc. (64), 1966.

b - "An algebraic model of transitive differential geometry" Bull. of Amer. Math. Soc. (70), 1964, pp. 16-47

c - "The LEWY counterexample and the local equivalence problem for G-structures"
Journal of diff$\frac{1}{-}$ Geometry (1), 1967, pp. 127-131

[17] S. ISHIHARA - K. YANO "On integrability conditions of a structure f satisfying $f^3 + f = 0$" Quat. J. Math. Oxford (15), 1964, pp.217-222.

[18] S. KOBAYASHI a - "Canonical forms on frame bundles of higher order contact" Proc. Sym. Diff. Geometry, Tucson, 1960, pp. 186-193

b - "Transformation Groups in differential geometry"
Springer Verlag, Berlin, 1972.

[18]' S. KOBAYASHI - T. NAGANO "On filtered LIE algebras and geometric structures" I,II,III J. of Math. and Mecha., (13), 1964, pp.875-908, (14), 1965, pp. 513-522 et (14), 1965, pp. 679-706.

[19] S. KOBAYASHI - K. NOMIZU "Fundations of differential geometry" Interscience Publishers t.I 1963, t.II 1969

[20] K. KODAIRA - D. SPENCER a - "On deformations of complex analytic structures" I,II,III Ann. of Maths (67), 1958, pp.328-466, et (71), 1960, pp.43-76.

b - "Multifoliate structures" Ann. of Maths (74), 1961, pp. 52-100

[21] A. KUMPERA "Invariants differentiels d'un pseudogroupe de LIE-I" Journal of differential geometry (10), 1975, pp. 289-345

[22] A. KUMPERA-D. SPENCER "Lie equation-I : general theory" Annals of Math. Studies (73), 1972, Princeton Univ. Press

[23] M. KURANISHI a - "On E. Cartan's prolongation theorem of exterior differential systems" Amer. J. Math. (79), 1957, pp. 1-47

b - "On the local theory of continuous infinite pseudogroups" I,II Nagoya Math. J. (15), 1959,pp. 225-260, et (19), 1961, pp. 55-91.

[24] M. KURANISHI - A. RODRIGUES "Quotients of pseudogroups by invariant fiberings" Nagoya Math. J. (24), 1964, pp. 109-128

[25] D. LEHMANN "Sur l'intégrabilité des G-structures" Symposia Mathematica (X), 1972, pp. 127-139

[26] J. LEHMANN-LEJEUNE "Intégrabilité des G-structures définies par une 1-forme 0-déformable" Ann. Inst. Fourier (16), 1966, pp. 329-387

[27] P. LIBERMANN a - "Sur le problème d'équivalence de certaines structures infinitésimales" Ann. Mat. Pura Appl. (4)(36), 1954, pp.27-120

b - "Pseudogroupes infinitésimaux" I,II,III Notes aux C.R.Ac.Sci.Paris (246),1958,pp.40-43,pp.531-534 et pp. 1365-1368

c - "Pseudogroupes infinitésimaux attachés aux pseudogroupes de LIE" Bull. SMF (87), 1959, pp. 409-425

d - "Prolongement des fibrés principaux et des groupoïdes différentiables" Seminaire analyse globale, Montreal, 1969.

[28] A. LICHNEROWICZ a - "Theorie globale des connexions et des groupes d'holonomie" Rome, Edizioni Cremonese, 1955

b - "Geométrie des groupes de transformations" Paris, Dunod, 1958

[29] S. LIE "Gesammelte Abhandlungen" Leipzig, Oslo, 1927, Band VI, pp. 300-365

[30] B. MALGRANGE a - "Sur les systèmes différentiels à coefficients constants" in "Seminaire sur les équations aux dérivées partielles", Paris, Collège de France, 1961-1962

b - "Sur l'intégrabilité des structures presque complexes" Symposia Mathematica II, 1969, pp. 289-296

c - "Equations de LIE" I,II Journal of diff$\frac{1}{=}$ Geometry (6), 1972, pp. 503-522 et (7), 1972, pp.117-141

[31] Y. MATSUSHIMA "Pseudogroupes de LIE transitifs" Seminaire Bourbaki (118), 1955.

[32] P. MOLINO a - "Sur quelques propriétés des G-structures" Journal of diff$\frac{1}{=}$ Geometry (7), 1972, pp. 489-518

b - "Platitude relative et problème d'équivalence" Notes aux CR. Sci. Paris (276), 1973, pp. 293-296

c - "The primitive lifting problem in the equivalence problem for transitive structures : a counterexample" [preprint, 1975]

[33] A. NEWLANDER-L. NIRENBERG "Complex analytic coordinates in almost complex manifolds" Ann. of Math (65), 1957, pp. 391-404

[34] NGÔ VAN QUÊ "Du prolongement des espaces fibrés et des structures infinitésimales" Ann. Inst. Fourier (17), 1967, pp. 157-223

[35] L. NIRENBERG "A complex FROBENIUS theorem" in "Seminars on analytic functions", Princeton, 1957, Vol I, pp. 172-179

[36] K. NOMIZU "LIE groups and differential geometry" Publications of the Mat. Society of Japan, 1956

[37] A. PETITJEAN "Prolongements d'homomorphismes d'algèbres de LIE filtrées transitives" Journal of diff$\frac{1}{-}$ Geometry (9), 1974, pp. 451-464.

[38] A. PETITJEAN - A. RODRIGUES "Correspondance entre algèbres de LIE abstraites et pseudogroupes de LIE transitifs" Ann. of Math (101), 1975, pp. 268-279

[39] A. POLLACK "The integrability problem for pseudogroup structures" Journal of diff$\frac{1}{-}$ geometry (9), 1974, pp. 355-390

[40] A. RODRIGUES "Sur le quotient d'un pseudogroupe de LIE infinitésimal transitif" Notes aux C.R.Ac.Sc. Paris (269), 1969, pp. 1211-1213

[41] I. SINGER-S. STERNBERG "The infinite groups of LIE and CARTAN" Journal An. Math. (15), 1965, pp. 1-114

[42] D.C. SPENCER a - "Deformations of structures on manifolds defined by transitive continuous pseudogroups" Ann. of Math. (76), 1962, pp. 306-445

b - "Some remarks on homological analysis and structures" Proceedings of Symposia in pure Math. (3), Differential Geometry,

1961, pp. 56-86

c - "Overdetermined systems of linear partial differential equations" Bull. Am. Math. Soc. (75), 1969, pp. 179-239

[43] S. STERNBERG a - "Lectures on the infinite LIE groups" [multilithed, 1961] Harvard.

b - "Lectures on differential geometry" New-Jersey, Prentice-Hall, 1964

[44] N. TANAKA "On the equivalence problems associated with a certain class of homogeneous spaces" J. Math. Soc. Japan (17), 1965, pp. 103-139

[45] K. YANO - M. AKO "Integrability conditions for almost quaternion structures" Hokkaido Math.J. (1), 1972, pp.63-86